上海理工大学一流本科系列教材

能源动力工程基础实验

主　编：盛　健

副主编：魏　燕

吉林大学出版社

·长春·

图书在版编目（CIP）数据

能源动力工程基础实验 / 盛健主编. -- 长春 : 吉
林大学出版社, 2021.9
ISBN 978-7-5692-9563-4

Ⅰ.①能… Ⅱ.①盛… Ⅲ.①能源－动力工程－实验
－研究 Ⅳ.①TK-33

中国版本图书馆CIP数据核字(2021)第233798号

书　　名：能源动力工程基础实验
　　　　　NENGYUAN DONGLI GONGCHENG JICHU SHIYAN

作　　者：盛　健　主编
策划编辑：董贵山
责任编辑：董贵山
责任校对：张宏亮
装帧设计：雅硕图文
出版发行：吉林大学出版社
社　　址：长春市人民大街4059号
邮政编码：130021
发行电话：0431-89580028/29/21
网　　址：http://www.jlup.com.cn
电子邮箱：jldxcbs@sina.com
印　　刷：长春市中海彩印厂
开　　本：787mm×1092mm　　　1/16
印　　张：17.25
字　　数：319千字
版　　次：2023年1月　第1版
印　　次：2023年1月　第1次
书　　号：ISBN 978-7-5692-9563-4
定　　价：68.00元

前　　言

为进一步加强一流本科建设，巩固教学改革成果，提高实践实验环节教学质量，在能源动力工程基础实验教材不够完善的前提下，尝试编著此书。本书是在上海理工大学能源动力工程国家级实验教学示范中心的长期实验教学与实验室管理经验和成果基础上，经过不断修改和完善而编写完成。

本书主要是针对普通高等学校能源动力类、土木类等专业编写的教材。本书在编写过程中始终坚持理论联系实际、培养创新人才的原则，以科学的质量观为引导，以深化课程体系和教学内容改革、培养学生的创新和实践能力为重点，充分运用现代教育技术、方法和手段，反映能源动力工程的课程建设、学科发展和科学研究的最新成果。

本书在编写过程中，收集并参考了国内外一些院校和教学仪器厂家的相关资料，力求使实验内容完整并贴合各高校的实验教学实际。同时也得到了其他高校诸多教师的大力支持，在此表示衷心的感谢！

本书编写分工如下：第一章由魏燕、盛健编写；第二章由盛健、雷明镜编写；第三章由张慧晨、陈家星编写；第四章由胡晓红、田昌编写；第五章由邹艳芳、魏燕编写；第六章由黄晓璜、盛健编写。全书由盛健高级实验师主编，并负责全书统稿。

上海理工大学副校长张华教授，人事处副处长武卫东教授，能源与动力工程学院副院长李凌教授、余敏教授等也给予了大量的指导和支持，在此表示敬意和感谢！

由于编者水平所限，书中不足之处在所难免，恳请读者提出宝贵建议。

编者
2021 年 4 月

目　　录

第一章　能源动力工程专业基础实验导论

实验 1.1　能源动力工程实验导论

一、实验目的

（1）通过电子信息资源和虚拟仿真实验等线上教学手段，展示能源动力工程专业的行业应用领域，系统介绍能源动力工程各系统，并作为过程装备与控制工程概论（双语）、新能源理论基础、空气调节工程、制冷原理、锅炉设备及运行、汽轮机原理、燃气轮机原理及应用等基础理论课程的导论。

（2）对与国家重大装备、国防等与能源动力工程相关，并且属于我校科研和教学特色方向的内容，进行重点介绍，树立学生爱国、爱岗、爱校等政治思想并对其行业归属感进行培养。

（3）介绍上海理工大学能源动力工程国家级实验教学示范中心、实验室管理和教学管理规定、实验课程体系和实验室布局等，便于学生线下实验课的开展。

二、实验原理

利用线上电子信息手段在能源动力工程国家级实验教学示范中心网站（http：//eplab. usst. edu. cn）上建设能源动力工程专业导论实践课程，线上资源包括：能源动力工程相关行业领域的重大技术、装备的发展（大国重器、超级装备、智慧中国等国家科学影视的相关片段选取），购买相关虚拟仿真和3D 展示资源，学校相关领域教学和科研成果的资源展示，构建能源动力工程国家级实验教学示范中心相关规章制度、实验室布局、实验课程体系等智慧实验室资源。

以上课前预习学习，连同实验室安全教学，作为学生进入国家级实验教学示范中心进行实验教学前的导论学习，必须考核通过才能够进入实验室。

三、实验装置

建立线上相关资源，由能源与动力工程学院和实验中心服务器进行维护，学生通过电脑、手机等终端进行相关学习。

在网站的互动教学平台，师生可以就最新行业和技术发展进行线上学习资源的发布，共同学习、讨论、交流和答疑。

四、实验考核

构建与线上教学资源相应的线上学习考核内容，并将其作为实验成绩的一部分。

实验 1.2 实验室安全教育

本实验通过对不可及、高危、不可逆的危化品中毒、火灾、爆炸等安全事故现场的虚拟仿真，将实验室安全知识与应急处理技能的学习设计在能源动力专业实验操作环节中。应完成认知学习、实景操作、线上考核等学习过程，以便熟悉了解能源动力专业实验的各操作环节，激发初步科研兴趣，提高安全防范意识，掌握实验室安全事故的施救与自救方法。

一、实验目的

（1）了解和熟悉国内外常见实验室事故类型及原因，明确实验室危险源。

（2）熟悉能源动力实验室环境及布局，掌握进实验室前的各项准备工作，规范行为习惯。

（3）掌握能源动力类实验室常用高压、高低温、高能高速设备的操作方法及实验废弃物的规范化处理。

（4）掌握实验室用电、用气、用火等安全知识要点及事故应急处理技能。

二、实验原理

作为工科学生，在实验室进行理论学习、科学研究是大学生涯必不可少的环节。学习实验室安全知识，可以为顺利开展各项实验工作保驾护航。实验室安全包含的内容很多，比如防火防爆、用电用水安全、化学药品使用、高压气瓶及高压容器使用、辐射防护、生物安全等。

本实验以能源动力类实验室安全知识为主线，依托虚拟现实（virtual reality，VR）和增强现实（augment reality，AR）技术，构建能源动力类专业工程基础实验室场景，如新能源科学与工程实验室、工程燃烧学实验室等。以新能源经典实验"生物碳电解制氢实验"等专业实验为载体，通过沉浸式虚拟人机互动，通过"实验室安全事故案例""实验室防护与安全认知""查找实验室安全隐患""实验操作及应急处理""实验室废弃物处理"五大板块，建立实验室安全事故的应激反应模式，使学生掌握实验室安全知识及技能，逐步提高实验室安全意识，传承实验室安全及环保理念。

三、实验装置

(一) 电脑装置

(1) Windows 7/8/10 简体中文版的操作系统。

(2) 主频 3.20 ghz 或更高的中央处理器 (central processing unit，CPU)、1 T 的硬盘。

(3) 容量 2 GB 以上的显卡、容量 8 G 以上的内存。

(4) 分辨率为 1 920×1 080 的显示器，鼠标、键盘等输入设备。

(二) 在线交互软件

能源动力实验室安全虚拟仿真实验教学系统 (无插件，可快速加载)。

四、实验材料

(一) 虚拟环境

虚拟实验室、虚拟人物、虚拟实验台、虚拟实验设备 (教材电子书、实验记录本)、玻璃仪器 (石英)、箱式高温炉 (温度范围：100～1 200 ℃)、电子天平 (0～220 g，精度为 0.001 g)、高压反应釜 (0～5 MPa，0～250 ℃)、磁力搅拌器 (温度：0～300 ℃，搅拌速率：0～2 000 r/min，实验搅拌速率700 r/min)、电化学工作站 (电压范围：-10～10 V)、气相色谱仪 (实验温度 100 ℃) 等。

虚拟耗材有 95%～98% 浓硫酸，浓度为 1 mol/L 阴、阳极硫酸、去离子水，浓度 10 g/L 阳极热解生物炭等，实验温度 70 ℃。

(二) 实验室安全事故案例

5～10 年国内外主要实验室安全事故案例的文字信息、图片信息及视频报道等。

五、实验步骤

登录实验项目网站后，点击开始实验，进入加载界面，加载完成后进入主界面，分为"实验室安全事故案例""能源动力实验室安全认知""实验过程中的典型安全事故""实验室安全技能考核"和"实验成绩与报告"五个模块。

(1) 点击进入"实验室安全事故案例"模块，根据年份选择高校实验室事故案例，观看事故相关图片、视频报道；点击答题，根据预习所学知识点，在选项中选择该安全事故类型、发生原因，并对该安全事故选择有效的预防对策。

（2）完成"实验室安全事故案例"后，可点击"能源动力实验室安全认知"模块学习，根据自身性别选择虚拟人物，选择个人防护设备，如护目镜、防护手套、防护口罩等。如图 1-1 所示。

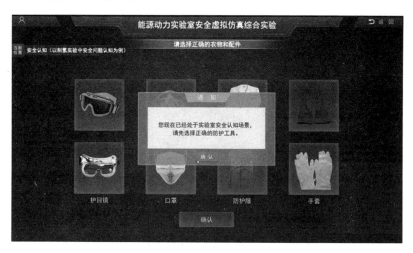

图 1-1　"能源动力实验室安全认知"模块界面

（3）选择正确后，进入实验室内部场景。以新能源科学与工程实验室为例，根据画面下方的任务卡提示，在实验室中找到急救包、灭火毯、报警器、灭火器、洗眼器、安全逃生路线等安全设施及气瓶、废液桶等危险源，点击查看其使用说明、管理流程及应急处理措施，完成该实验室安全认知模块所有内容后方可进入下一模块。

（4）点击"实验过程中的典型安全事故"模块后，选择具体实验场景开展实验，如以新能源经典实验"生物碳电解制氢实验"为例体验浓硫酸喷溅、中毒、火灾、爆炸等实验室安全事故情境，明确发生原因，掌握应急处理方法。

（5）根据任务卡提示找到实验需要使用的主要设备或器材，分别点击简介、使用、管理和处理，了解仪器使用的规范流程。找到所有设备后，完成实验准备工作，按键盘 G 键开始实验。

（6）根据右侧画面提示，完成天平调零、称取生物碳、配制阴极液等操作。由于浓硫酸稀释操作不当，界面出现警告并提示错误，点击继续实验按钮，出现浓硫酸喷溅事故现象，并弹出事故起因和正确做法等提示。

（7）点击确认后，需在选择正确的应急处理方式后方可继续实验操作，完成阴极液配制等操作。由于实验试剂存放不当且未贴标签，界面出现警告并提示错误，点击继续实验按钮，出现稀硫酸中毒事故现象，并弹出事故起因和正确做法等提示。

（8）点击确认后，需在选择正确的应急处理方式后方可继续实验操作，完成阴、阳极液电解等操作。由于多个插座串联、酒精灯摆放不当，界面出现警告并提示错误，点击继续实验按钮，出现电气火灾事故现象，并弹出事故起因和正确做法等提示。如图 1-2 所示。

图 1-2　"实验过程中的典型安全事故"模块中的火灾事故体验

（9）点击确认后，需在选择正确的应急处理方式后方可继续实验操作，完成氢气收集、废液处理等操作。由于废液处理不当，界面出现警告并提示错误，点击继续实验按钮，出现爆炸事故现象，并弹出事故起因和正确做法等提示。

（10）点击安全技能考核模块，选择实验操作实践考核。要求学生在没有实验操作步骤提示的情况，自行完成"生物碳电解制氢实验"，不能出现错误操作导致的实验室安全事故。点击安全知识提升测试，进入相关实验室安全理论知识点考核页面，完成试题库抽取的单项选择题、多项选择题、判断题。完成答题后，点击交卷完成实验。

六、实验报告

（一）电子版实验报告

实验环节有得分纪录、错误操作汇总、操作时间记录等统计信息，可根据自己需求多次重复操作和考试，系统以最高成绩更新。实验报告除包括以上统计数据外，还包括开放性题目如心得体会、意见建议、反馈互动等内容，开放性题目内容根据回答情况输出个性化报告。

（二）实验室安全技能考核

在"实验操作实践考核"模块中，如出现"浓硫酸喷溅""稀硫酸中毒""电气火灾""废液爆炸"实验室安全事故，则实验操作成绩直接判定为不合格，需重新进行实验操作实践考核。在"安全知识提升测试"模块中，对于相关实验室安全理论知识点考核成绩提升需比较虚拟仿真实验前的预习测试结果，提升度在 80％以上方可结束本实验的学习。

第二章 工程热力学实验

实验 2.1 饱和水蒸气压力和温度关系曲线测定实验

一、实验目的

（1）通过观察饱和水蒸气压力和温度变化的关系，加深对饱和状态的理解，从而树立液体温度达到对应于液面压力的饱和温度时，沸腾便会发生的基本概念。

（2）通过对实验数据的整理，学会用 Microsoft Excel 绘制饱和水蒸气压力-温度（P-T）关系图表。

（3）学会温度计、压力表、调压器和大气压力计等仪表的使用方法。

（4）能观察到小容积和金属表面很光滑（汽化核心很小）的泡态沸腾现象。

二、实验原理

水蒸气是在热力发动机中最早广泛应用的工质。水由液态转变为气态的过程称为汽化。假设容器空间没有其他气体，随着容器空间中的水蒸气分子逐渐增多，液面上的蒸汽压力也将逐渐增大，水蒸气的压力越高，密度越大，水蒸气的分子与液面碰撞越频繁，变为水分子的水蒸气分子数也越多。到一定状态时，这两种方向相反的过程就会达到动态平衡。这种液相和气相处于动态平衡的状态称为饱和状态。处于饱和状态的蒸汽称为饱和蒸汽，液体称为饱和液体。此时，气、液的温度相同，称为饱和温度。

三、实验装置

本实验的装置如图 2-1 所示。其主要包括蒸汽发生器、可视玻璃、排气阀、加热功率表、控温测温表、电功率调节器及电源开关等。

蒸汽发生器为横置的圆柱体，前后两个圆形底面采用可视玻璃密封，以便观察水沸腾现象，可视玻璃采用较厚的耐压玻璃。蒸汽发生器中装有一半容积的水，下半部分设置电加热器，通电后用于将水加热至饱和状态。

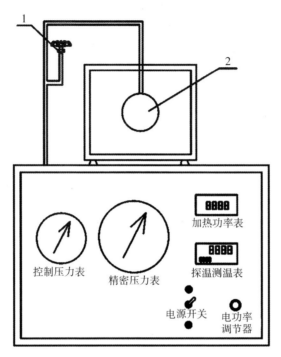

1. 排气阀；2. 可视玻璃及蒸汽发生器。

图 2-1 实验设备结构图

排气阀为手动截止阀，用于实验中，水初始沸腾时，接通大气，使蒸汽发生器中初始液面的气压保持在 1 个大气压（101 325.0 Pa）。

加热功率表是蒸汽发生器中电加热器加热功率的显示仪表。

控温测温表是蒸汽发生器中上部蒸汽温度的测量显示仪表。

电功率调节器是一种电阻型的调压器，用于调节蒸汽发生器中电加热器功率。

电源开关为实验装置的电源总开关。

四、实验步骤

（1）预习实验指导书，熟悉实验装置及使用仪表的工作原理和性能。

（2）记录室温（℃）和大气压力（MPa）（实验台旁装设了温度计和大气压力表）。

（3）确认电源开关为闭合状态，然后将电功率调节器调节至零位。

（4）打开电源开关，调节电功率调节器，并缓慢旋转以逐渐加大电功率 200 W～220 W，待蒸汽压力升至一定值（刚开始有气泡产生）时，迅速记录水蒸气的压力和温度；保持加热功率不变，温度和压力逐渐增加，重复上述实验记录，在 0～0.7 MPa（表压）范围内（在温度和压力安全的范围内）实验不少于 5 次，且实验点应尽量均匀分布。

（5）实验完毕后，将电功率调节器调回零位，并断开电源。

（6）注意事项：

①实验装置通电后必须有专人看管。

②实验装置使用压力为 0.8 MPa（表压），切不可超压操作。

③排气时请确认排气口没有人员。高压时不允许用排气阀门排气，防止烫伤。

五、实验数据

（一）记录和计算（如表 2-1）

表 2-1　实验数据记录表

实验次数	饱和温度/℃		饱和压力/MPa			误差	
	温度计读数 t_s	理论温度值 t_l	压力表读数 P_s	大气压力 B	绝对压力 $P_j = P_s + B$	绝对误差 $\Delta t = t_l - t_s$/℃	相对误差 $(\Delta t / t_l) \times 100\%$
1							
2							
3							
4							
5							
6							

（二）绘制 P-T 关系曲线

将实验结果按照上述数据点描在坐标纸上，清除偏离点，绘制曲线，并将其与根据饱和水蒸气表绘制出的相应范围的曲线图进行对照，如表 2-2、图 2-2。

表 2-2　饱和水蒸气热力性质表（按温度排列）

温度 t/℃	95	100	110	120
压力 p/MPa	0.084 533	0.101 325	0.143 243	0.198 483
温度 t/℃	130	140	150	160
压力 p/MPa	0.270 018	0.361 190	0.475 71	0.617 66

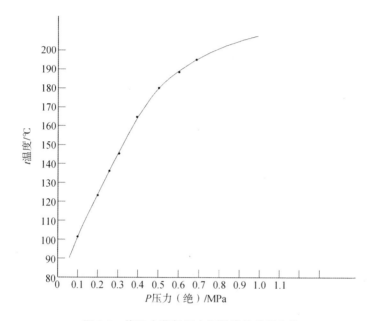

图 2-2　饱和水蒸气压力和温度的关系曲线

（三）误差分析

通过比较发现，实验测量值与标准值存在一定误差。引起误差的原因可能有以下几个方面。

（1）读数误差。

（2）测量仪表精度引起的误差。

（3）测温所引起的误差。

（4）实验人员操作引起的误差。

六、实验分析与思考

（1）在水的 P-T 汽化曲线测定试验中，共需要测量哪些物理量？

（2）本实验为何要用大气压表？

（3）在水的 *P-T* 汽化曲线测定试验中，已测得容器内的真空度，如何确定其绝对压力？

七、实验报告要求

（1）原始数据记录及处理过程。

（2）绘制 *P-T* 关系曲线。

（3）误差分析。

（4）思考题。

实验 2.2　渐缩喷管流动特性实验

一、实验目的

（1）验证并进一步加深对喷管中气流基本规律的理解，牢固树立临界压力、临界流速和最大流量等喷管临界参数的概念。

（2）熟练地掌握用常规数据采集仪表测量压力（负压）、压差及流量的方法。

（3）重要概念的理解：应明确在渐缩喷管中，其出口处的压力不可能低于临界压力，流速不可能高于音速，流量不可能大于最大流量。

（4）通过演示渐缩喷管，观察气流随背压变化而引起的压力和流量的变化，绘制喷管各截面压力-轴向位移曲线和流量-背压曲线。

二、实验原理

（一）喷管中气流的基本规律

（1）由能量方程

$$\mathrm{d}q = \mathrm{d}h + \frac{1}{2}\mathrm{d}c^2 \tag{2-1}$$

$$\mathrm{d}q = \mathrm{d}h - v\mathrm{d}p \tag{2-2}$$

可得

$$-v\mathrm{d}p = c\mathrm{d}c \tag{2-3}$$

可见，当气体流经喷管速度增加时，压力必然下降。

（2）由连续性方程

$$\frac{A_1 \cdot c_1}{v_1} = \frac{A_2 \cdot c_2}{v_2} = \cdots = \frac{A \cdot c}{v} = 常数 \tag{2-4}$$

有

$$\frac{\mathrm{d}A}{A} = \frac{\mathrm{d}v}{v} - \frac{\mathrm{d}c}{c}$$

及过程方程

$$pv^k = 常数 \tag{2-5}$$

有

$$\frac{k\,\mathrm{d}v}{v} = -\frac{\mathrm{d}p}{p} \tag{2-6}$$

根据 $-v\mathrm{d}p = c\mathrm{d}c$，马赫数 $M = \dfrac{c}{a}$，而 $a = \sqrt{kpv}$，得

$$\frac{\mathrm{d}A}{A} = (M^2 - 1)\frac{\mathrm{d}c}{c} \tag{2-7}$$

显然，当来流速度 $M < 1$ 时，喷管应为渐缩形（$\mathrm{d}A < 0$）；当来流速度 $M > 1$ 时，喷管应为渐扩形（$\mathrm{d}A > 0$）。

(二) 喷管中气体流动相关概念

喷管气流的特征是 $\mathrm{d}p < 0$，$\mathrm{d}c > 0$，$\mathrm{d}v > 0$，三者之间互相制约。当某一截面的流速达到当地音速（亦称临界速度）时，该截面上的压力称为临界压力（p_c）。临界压力与喷管初压（p_1）之比称为临界压力比，有

$$\gamma = \frac{p_c}{p_1} \tag{2-8}$$

经推导可得

$$\gamma = \left(\frac{2}{k+1}\right)^{\frac{k}{k-1}} \tag{2-9}$$

对于空气，$\gamma = 0.528$。

当渐缩喷管出口处气流速度达到音速，或缩放喷管喉部气流速度达到音速时，通过喷管的气体流量便达到了最大值（$\dot{m}_{\max}$），或称为临界流量。可由下式确定：

$$\dot{m}_{\max} = A_{\min}\sqrt{\frac{2k}{k+1}\left(\frac{2}{k+1}\right)^{\frac{2}{k-1}} \cdot \frac{p_1}{\nu_1}} \tag{2-10}$$

式中：$A_{\min}$——最小截面积（对于渐缩喷管为出口处的流道截面积；对于缩放喷管为喉部处的流道截面积。本实验台两种喷管的最小截面积为 12.56 mm²）。

(三) 气体在渐缩喷管中的流动

渐缩喷管（如图 2-3 所示）受几何条件（$\mathrm{d}A < 0$）的限制，由式（2-7）可知：气体流速只能等于或低于音速（$C \leqslant a$）；出口截面的压力只能高于或等于临界压力（$p_2 \geqslant p_c$）；通过喷管的流量只能等于或小于最大流量（$\dot{m}_{\max}$）。根据不同背压（p_b），渐缩喷管可分三种工况，如图 2-4 所示。

A 为亚临界工况（$p_b > p_c$），此时 $\dot{m} < \dot{m}_{\max}$，$p_2 = p_b > p_c$。

B 为临界工况（$p_b = p_c$），此时 $\dot{m} = \dot{m}_{\max}$，$p_2 = p_b = p_c$；

C 为超临界工况（$p_b < p_c$），此时 $\dot{m} = \dot{m}_{max}$，$p_2 = p_c > p_b$。

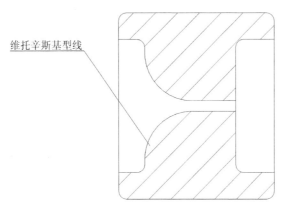

维托辛斯基型线

图 2-3 渐缩喷管

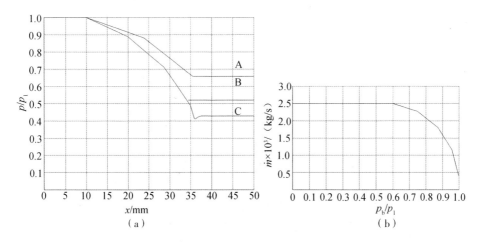

（a）
（b）

图 2-4 渐缩喷管压力分布曲线及流量曲线

三、实验装置

（一）装置组成

整个实验装置主要包括实验台、真空泵。实验台由控制装置、进气管、孔板流量计、喷管、测压探针真空表及其移动机构、调节阀、真空罐等几部分组成，如图 2-5 和图 2-6 所示。

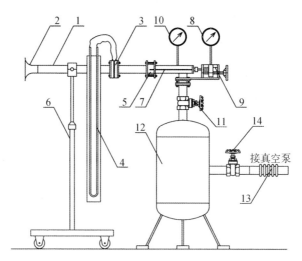

1. 进气管；2. 空气吸气口；3. 孔板流量计；4. U 形管压差计；5. 喷管；
6. 三轮支架；7. 测压探针；8. 可移动真空表；9. 位移移动开关和标尺；10. 背压真空表；
11. 背压调节阀；12. 真空罐；13. 软管接头；14. 罐后调节阀。

图 2-5　喷管实验台示意图

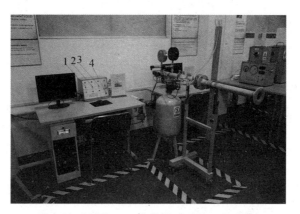

1. 手动/自动开关；2. 位移转动开关（实验台 1）；
3. 位移转动开关（实验台 2）；4. 真空泵启停开关

图 2-6　喷管实验台实物图

　　进气管 1 为 $\varnothing 57\ \text{mm} \times 3.5\ \text{mm}$ 无缝钢管，内径 $\varnothing 50\ \text{mm}$。空气吸气口 2 进入进气管，流过孔板流量计 3。孔板孔径 $\varnothing 7\ \text{mm}$，采用角接环式取压。流量的大小可从 U 形管压差计 4 读出。喷管 5 用有机玻璃制成，配给渐缩喷管一只。根据实验要求，可松开夹持法兰上的固紧螺丝，向左推开进气管的三轮支架 6，更换所需的喷管。喷管各截面上的压力是由插入喷管内的测压探针 7（外径 $\varnothing1.2\ mm$）连至可移动真空表 8 测得，它们的移动通过位移转动开关和标尺 9 实现。

由于喷管是透明的，测压探针上的测压孔（$\varnothing0.5\ mm$）在喷管内的位置可从喷管外部看出，也可从装在"可移动真空表"下方的指针在"位移坐标板"9 上所指的位置来确定。喷管的排气管上还装有背压真空表 10，背压采用背压调节阀 11 调节。真空罐 12 直径 $\varnothing400\ mm$，体积 $0.118\ m^3$，起稳定压力的作用。罐的底部有排污口，提供必要时排除积水和污物之用。为减小震动，真空罐与真空泵之间用软管 13 连接。

如图 2-6 所示，1 为手动/自动开关，向上为自动模式，向下为手动模式，实验中采用手动模式；2 为实验台 1 的位移转动开关，向上为标尺向数字量较小的方向移动，向下则相反；3 为实验台 2 的位移转动开关，向上为标尺向数字量较小的方向移动，向下则相反；4 为实验台 1 和 2 的共用真空泵的启停开关，向上为启动，向下为停止。

在实验中必须测量四个变量，即测压孔在喷管内的不同截面位置 x、气流在该截面上的压力 P、背压 P_b、流量 m，这些量可分别用指针在位移坐标板的位置、可移动真空表、背压真空表及 U 形管压差计的读数来显示。

（二）装置功能

（1）可方便地装上渐缩喷管，观察气流沿喷管各截面的压力变化。

（2）可在各种不同工况下（保持初压不变，改变背压）观察压力曲线的变化和流量的变化，从中着重观察临界压力和最大流量现象。

（3）除供定性观察外，还可做初步的定量实验，压力测量采用精密真空表，精度 0.4 级；流量测量采用低雷诺数锥形孔板流量计，适用的流量范围宽，可从流量接近为零到喷管的最大流量，精度优于 2 级。

（4）以真空泵为动力，大气为气源，具有初压初温稳定、操作安全、功耗和噪声较小、试验气流不受压缩机械的污染等优点，喷管用有机玻璃制作，形象直观。

（5）可采用一台真空泵同时带两台实验台对配给的渐缩喷管做全工况观测，装卸喷管方便。

（6）本实验台还可用作其他各种流道喷管和扩压管的实验。

四、实验步骤

（1）调好位移坐标板 9 的基准位置。

（2）打开背压调节阀 11，全开罐后调节阀 14，然后启动真空泵。真空泵为风冷型，无需进行冷却操作。

（3）测量轴向压力分布如下。

①旋转背压调节阀 11 调节背压至需要工况（见真空表读数，实验中通常采用 0.02 MPa、0.051 MPa 及 0.07 MPa），并记录下该值。

②启动位移转动开关，使测压探针向出口方向移动，每移动一定距离（一般 2～3 mm）便停顿下来（位移开关调至中间挡位），记录该点的坐标位置及相应的压力值，一直测至喷管出口之外。把各个点描绘到坐标纸上，便得到一条在这一背压下喷管的压力分布曲线。

③若要做若干条压力分布曲线，只要改变其背压值并重复①、②步骤即可。

（4）测绘流量曲线：

①把测压探针的引压孔移至出口截面之外，打开罐后调节阀 14、背压调节阀 11，启动真空泵。

②用背压调节阀 11 调节背压，每一次改变 200～300 Pa，稳定后记录背压值和 U 形管差压计的读数。

当背压达到某一值后，U 形管差压计的液柱便不再变化（流量已达到了最大值）。此后，尽管不断提高背压，但 U 形管差压计的液柱仍保持不变，这时测两三个工况点。至此，流量测量即可完成。渐缩喷管的压力分布曲线和流量曲线参见图 2-4。

（5）实验结束后的操作

打开背压调节阀，关闭罐后调节阀，让真空罐充气；3 min 后停真空泵并立即打开罐后调节阀，让真空泵充气（防止回油）。关闭真空泵电源开关，停机。

五、实验数据

（一）压力值的确定

（1）实验装置采用的是负压系统，表上读数为真空度，为此须换算成绝对压力值。

$$p = p_a - p_{(v)} \tag{2-11}$$

式中：

p_a—大气压力，Pa；

$p_{(v)}$—用真空度表示的压力，Pa。

（2）由于喷管前装有孔板流量计，气流有压力损失。本实验装置的压力损失为 U 形管差压计读数（Δp）的 97%。因此，喷管入口压力如下。

$$p_1 = p_a - 0.97\Delta p \tag{2-12}$$

（3）由式（2—11）和（2—12）可得到临界压力 $P_c = 0.528P_1$，在真空表上的读数（即用真空度表示）为：

$$p_{c(v)} = 0.472p_a + 0.51\Delta p \tag{2-13}$$

计算时，式中各项必须用相同的压力单位。（$p_{c(v)}$ 约为 3 800 Pa）。

（二）喷管实际流量测定

由于管内气流的摩擦形成边界层，从而减少了流通面积，因此，实际流量必然小于理论值。其实际流量为：

$$m = 1.373 \times 10^{-1} \sqrt{\Delta p} \cdot \varepsilon \cdot \beta \cdot \gamma (\text{kg/s}) \tag{2-14}$$

式中：

ε 为流速膨胀系数，

$$\varepsilon = 1 - 2.873 \times 10^{-2} \frac{\Delta p}{p_a} \tag{2-15}$$

β 为气态修正系数，

$$\beta = 0.0538 \sqrt{\frac{p_a}{t_a + 273}} \tag{2-16}$$

γ 为几何修正系数（约等于 1.0）；

Δp 为 U 形管差压计的读数，Pa；

t_a 为室温，℃；

P_a 为大气压力，Pa。

表 2-3　渐缩喷管轴向压力分布

测压位置/mm	孔板流量计压降 ΔP/Pa		0	5	10	15	20	25
	$H_左$	$H_右$	喷管轴向压力/MPa					
背压 P_b 为 -0.02/MPa								
背压 P_b 为 -0.03/MPa								
背压 P_b 为 -0.06/MPa								

续　表

测压位置/mm	孔板流量计压降ΔP/Pa		30	35	40	45	50	
	$H_左$	$H_右$	喷管轴向压力/MPa					
背压 P_b 为 -0.02/MPa								
背压 P_b 为 -0.03/MPa								
背压 P_b 为 -0.06/MPa								
大气压力/MPa					环境温度 t_a/℃			

表 2-4　渐缩喷管流量与背压曲线

背压/MPa	0.01	0.02	0.03	0.04	0.05	0.06	0.07	0.08
孔板流量计压阵 $H_左$/Pa								
孔板流量计压阵 $H_右$/Pa								
孔板流量计压阵 ΔH/Pa								
大气压力/MPa			环境温度 t_a/℃					

六、实验分析与思考

（1）在渐缩喷管中，当 $P_b > P_{cr}$ 时能否达到音速？当 $P_b = P_{cr}$ 时能否达到音速？当 $P_b < P_{cr}$ 时能否达到超音速？

（2）在喷管实验中，空气流量的测量采用的是什么仪表（涡轮流量计，孔板流量计）？

七、实验报告要求

（1）数据的原始记录。

（2）实验结果整理后的数据，包括最大流量，临界压力，曲线，分析实验值与计算值，分析所绘曲线与测定曲线的异同点及产生的原因。

①以测压探针孔在喷管中的位置 x 为横坐标，以压力比 P/P_1 为纵坐标，绘制不同工况下的压力分布曲线。

②以 P/P_1 压力比为横坐标，以流量 $\dot{m}$ 为纵坐标，绘制流量曲线。

实验 2.3 缩放喷管流动特性实验

一、实验目的

（1）验证并进一步加深对喷管中气流基本规律的理解，牢固树立临界压力、临界流速和最大流量等喷管临界参数的概念。

（2）比较熟练地掌握用常规数据采集仪表测量压力（负压）、压差及流量的方法。

（3）重要概念的理解：应明确在缩放喷管中，其出口处的压力可以低于临界压力，流速可高于音速，而流量不可能大于最大流量。

（4）通过演示缩放喷管，观察气流随背压变化而引起的压力和流量的变化，绘制喷管各截面压力-轴向位移曲线、流量-背压曲线。应对喷管中气流的实际复杂过程有所了解，能定性解释激波产生的原因。

二、实验原理

（一）喷管中气流的基本规律

（1）由能量方程

$$dq = dh + \frac{1}{2}dc^2 \ \text{及} \ dq = dh - vdp \qquad (2\text{-}17)$$

可得

$$-vdp = cdc$$

可见，当气体流经喷管速度增加时，压力必然下降。

（2）由连续性方程

$$\frac{A_1 \cdot c_1}{v_1} = \frac{A_2 \cdot c_2}{v_2} = \cdots = \frac{A \cdot c}{v} = \text{常数} \qquad (2\text{-}18)$$

有

$$\frac{dA}{A} = \frac{dv}{v} - \frac{dc}{c} \ \text{及过程方程} \ pv^k = \text{常数}$$

有

$$\frac{k\,dv}{v} = -\frac{dp}{p} \qquad (2\text{-}19)$$

根据 $-v\mathrm{d}p = c\mathrm{d}c$，马赫数 $M = \dfrac{c}{a}$，而 $a = \sqrt{kpv}$ 得

$$\frac{\mathrm{d}A}{A} = (M^2 - 1)\frac{\mathrm{d}c}{c} \tag{2-20}$$

显然，当来流速度 $M < 1$ 时，喷管应为渐缩形（$\mathrm{d}A < 0$）；当来流速度 $M > 1$ 时，喷管应为渐扩形（$\mathrm{d}A > 0$）。

(二) 喷管中气体流动的概念

喷管气流的特征是 $\mathrm{d}p < 0$，$\mathrm{d}c > 0$，$\mathrm{d}v > 0$，三者之间互相制约。当某一截面的流速达到当地音速（亦称临界速度）时，该截面上的压力称为临界压力（P_c）。临界压力与喷管初压（P_1）之比称为临界压力比，有

$$\gamma = \frac{p_c}{p_1} \tag{2-21}$$

经推导可得

$$\gamma = \left(\frac{2}{k+1}\right)^{\frac{k}{k-1}} \tag{2-22}$$

对于空气，$\gamma = 0.528$。

当渐缩喷管出口处气流速度达到音速，或缩放喷管喉部气流速度达到音速时，通过喷管的气体流量便达到了最大值（$\dot{m}_{\max}$），或称为临界流量。可由下式确定：

$$\dot{m}_{\max} = A_{\min}\sqrt{\frac{2k}{k+1}\left(\frac{2}{k+1}\right)^{\frac{2}{k-1}} \cdot \frac{p_1}{v_1}} \tag{2-23}$$

式中：$A_{\min}$ 为最小截面积（对于渐缩喷管为出口处的流道截面积；对于缩放喷管为喉部处的流道截面积。本实验台两种喷管的最小截面积为 $12.56\ \mathrm{mm}^2$）。

(三) 气体在缩放喷管中的流动

缩放喷管（如图 2-7 所示）的喉部 $\mathrm{d}A = 0$，因此气流可以达到音速（$C = a$）；扩大段（$\mathrm{d}A > 0$），出口截面的流速可超音速（$C > a$），其压力可大于临界压力（$p_2 < p_c$），但因喉部几何尺寸的限制，其流量的最大值仍为最大流量（$\dot{m}_{\max}$）。

气流在扩大段能做完全膨胀，这时出口截面处的压力成为设计压力（p_d）。缩放喷管随工作背压不同，亦可分为三种情况。

(1) 背压等于设计背压（$p_b = p_d$）时，称为设计工况。此时气流在喷管中能完全膨胀，出口截面的压力与背压相等（$p_2 = p_b = p_d$），见图 2-8 中的曲

线 A。在喷管喉部，压力达到临界压力，速度达到音速。在扩大段转入超音速流动，流量达到最大流量。

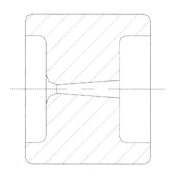

图 2-7　缩放喷管

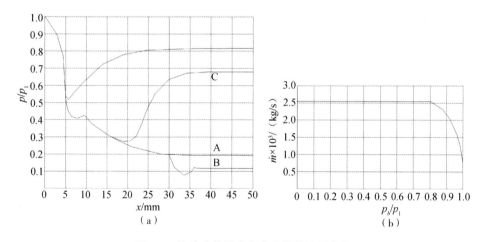

图 2-8　缩放喷管压力分布曲线及流量曲线

（2）背压低于设计背压（$p_b < p_d$）时，气流在喷管内仍按曲线 A 那样膨胀到设计压力。当气流一离开出口截面便与周围介质汇合，其压力立即降至实际背压值，如图 2-8 曲线 B 所示，流量仍为最大流量。

（3）背压高于设计背压（$p_b > p_d$）时，气流在喷管内膨胀过度，其压力低于背压，以至于气流在未达到出口截面处便被压缩，导致压力突然升跃（产生激波），在出口截面处，其压力达到背压。如图 2-8 中的曲线 C 所示。激波产生的位置随着背压的升高而向喷管入口方向移动，激波在未达到喉部之前，其喉部的压力仍保持临界压力，流量仍为最大流量。当背压升高到某一值时，将脱离临界状态，缩放喷管便与文丘里管的特性相同了，其流量低于最大流量。

三、实验装置

见实验 2.2 的实验装置部分。

四、实验步骤

（1）调好位移坐标板的基准位置。

（2）打开背压调节阀 11，全开罐后调节阀 14，而后启动真空泵。真空泵为风冷型，无需进行冷却操作。

（3）测量轴向压力分布如下。

①用背压调节阀 11 调节背压至需要工况（见真空表读数，实验中通常采用 0.02 MPa、0.051 MPa 及 0.07 MPa），并记录下该值。

②启动位移转动开关，使测压探针向出口方向移动。每移动一定距离（一般 2～3 mm）便停顿下来（位移开关调至中间挡位），记录该点的坐标位置及相应的压力值，一直测至喷管出口之外。把各个点描绘到坐标纸上，便得到一条在这一背压下喷管的压力分布曲线。

③若要做若干条压力分布曲线，只要改变其背压值并重复①、②步骤即可。

（4）流量曲线的测绘如下。

①把测压探针的引压孔移至出口截面之外，打开罐后调节阀 14、背压调节阀 11，启动真空泵。

②用背压调节阀 11 调节背压，每一次改变 200～300 Pa，稳定后记录背压值和 U 形管差压计的读数，当背压升高到某一值时，U 形管差压计的液柱便不再变化（流量已达到了最大值），此后尽管不断提高背压，但 U 形管差压计的液柱仍保持不变，这时测两三个工况点，至此，流量测量即可完成。缩放喷管的流量曲线参见图 2-8。

（5）实验结束后的设备操作如下。

打开背压调节阀 11，关闭罐后调节阀 14，让真空罐充气；3 min 后停真空泵并立即打开罐后调节阀 14，让真空泵充气（防止回油）。关闭真空泵电源开关，停机。

五、实验数据

（一）压力值的确定

（1）实验装置采用的是负压系统，表上读数均为真空度，为此需换算成绝对压力值。

$$p = p_a - p_{(v)} \tag{2-24}$$

式中：p_a 为大气压力，Pa；

$p_{(v)}$ 为用真空度表示的压力，Pa。

（2）由于喷管前装有孔板流量计，气流有压力损失。本实验装置的压力损失为 U 形管差压计读数（Δp）的 97％。

因此，喷管入口压力为：

$$p_1 = p_a - 0.97\Delta p \tag{2-25}$$

（3）由式（2-24）和（2-25）可得到临界压力 $P_c = 0.528 P_1$，在真空表上的读数（用真空度表示）为：

$$p_{c(v)} = 0.472 p_a + 0.51\Delta p \tag{2-26}$$

计算时，式中各项必须用相同的压力单位（$p_{c(v)}$ 约为 3 800 Pa）。

（二）喷管实际流量测定

由于管内气流的摩擦形成边界层，从而减少了流通面积，因此，实际流量必然小于理论值。其实际流量如下。

$$m = 1.373 \times 10^{-4} \sqrt{\Delta p} \cdot \varepsilon \cdot \beta \cdot \gamma (\text{kg/s}) \tag{2-27}$$

式中：ε 为流速膨胀系数，$\varepsilon = 1 - 2.873 \times 10^{-2} \dfrac{\Delta p}{p_a}$；

β 为气态修正系数，$\beta = 0.538 \sqrt{\dfrac{p_a}{t_a + 273}}$；

γ 为几何修正系数（约等于 1.0）；

Δp 为 U 形管差压计的读数，Pa；

t_a 为室温，℃；

p_a 为大气压力，Pa。

表 2-5 缩放喷管轴向压力分布

测压位置/mm	孔板流量计压降ΔP/Pa		0	5	10	15	20	25
	$H_左$	$H_右$	喷管轴向压力/MPa					
背压 P_b 为－0.02/MPa								
背压 P_b 为－0.03/MPa								
背压 P_b 为－0.06/MPa								
测压位置/mm	孔板流量计压降ΔP/Pa		30	35	40	45	50	
	$H_左$	$H_右$	喷管轴向压力，MPa					
背压 P_b 为－0.02/MPa								
背压 P_b 为－0.03/MPa								
背压 P_b 为－0.06/MPa								
大气压力/MPa				环境温度 t_a/℃				

表 2-6 缩放喷管流量与背压曲线

背压/MPa	0.01	0.02	0.03	0.04	0.05	0.06	0.07	0.08
孔板流量计压降 $H_左$/MPa								
孔板流量计压降 $H_右$/MPa								
孔板流量计压降 ΔH/MPa								
大气压力/MPa			环境温度 t_a,℃					

六、实验分析与思考

（1）在缩放喷管中，当 $P_b > P_{cr}$ 时能否达到音速？当 $P_b = P_{cr}$ 时能否达到音速？当 $P_b < P_{cr}$ 时能否达到超音速？

（2）在缩放喷管实验中，请解释激波产生的原因？

七、实验报告要求

（1）各种数据的原始记录。

（2）实验结果整理后的数据，包括最大流量，临界压力，曲线，分析实验值与计算值，分析所绘曲线与测定曲线的异同点及产生的原因。

①以测压探针孔在喷管中的位置 x 为横坐标，以压力比 P/P_1 为纵坐标，绘制不同工况下的压力分布曲线。

②以压力比 P/P_1 为横坐标，流量 $\dot{m}$ 为纵坐标，绘制流量曲线。

实验 2.4　气体定压比热容测定实验

一、实验目的

（1）了解气体比热容测定装置的基本原理和构思。
（2）熟悉本实验中的测温度、功率、压差及流量的方法。
（3）掌握由基本数据计算出比热值和求得比热公式的方法。
（4）分析本实验产生误差的原因及减小误差的可能途径。

二、实验原理

为计算气体状态变化过程中的吸（或放）热量，引入了比热容。物体温度升高 1 K（1 ℃）所需热量，称为热容，以 C 表示。1 kg 物质温度升高 1 K（1 ℃）所需热量，称为质量热容，又称为比热容，单位为 J/（kgK）。

热量是过程量，因而比热容也和过程特性有关，不同的热力过程，比热容也不相同。热力设备中，工质往往是在接近压力不变或体积不变的条件下吸热或放热的，因此定压过程和定容过程的比热容最常用，称为比定压热容（质量定压热容）和比定容热容（质量定容热容），分别以 C_p 和 C_v 表示。

理想气体的比热容是温度的复杂函数，随着温度的升高而增大。

三、实验装置

气体定压比热容测定实验装置由风机、湿式气体流量计、比热仪主体、电功率调节及测量系统等四部分组成（如图 2-9 所示）。比热仪主体内设有电加热装置、气流的均流装置及温度测量装置（如图 2-10 所示）。

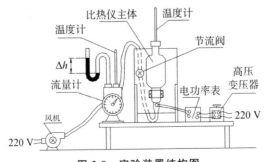

图 2-9　实验装置结构图

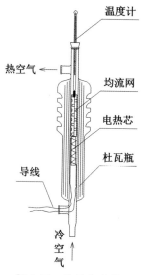

图 2-10　比热仪主体

　　实验时，被测空气（也可以是其他气体）由风机经湿式气体流量计送入比热仪主体，经加热、均流、旋流、混流后流出。在此过程中分别测定：空气在流量计出口处的干、湿球温度（t_1，t_w），由于是湿式气体流量计，实际为饱和状态；气体经比热仪主体的出口温度（t_2）；气体的体积流量（V）；电热器的输入功率（W）；实验时相应的大气压（B）和流量计出口处的表压（Δh）。有了这些数据，并查用相应的物性参数，根据能量守恒方程即可计算被测气体的定压比热（C_p）。

　　气体的流量由节流阀控制，气体出口温度由输入电热器的功率来调节。

　　本比热仪可测空气温度在 300 ℃以下的定压比热。

四、实验步骤

　　（1）启动风机，调节节流阀，使流量保持在额定值附近，待流量稳定后，测出每 10 L（两圈）空气通过流量计所需时间（τ，秒）；计算气体流量。

　　（2）设定电热器功率工况，可设定如 10 W、20 W 和 30 W 等工况。

　　注意，切勿在无气流通过的情况下开启电热器，以免引起局部过热而损坏比热仪主体。输入电热器的功率不得超过 50 W；

　　（3）设定工况后等待比热仪主体出口温度（t_2）稳定，（出口温度在 5 min 之内无变化或有微小起伏，即可视为稳定）。

　　记录下列数据：比热仪进口温度即流量计的出口温度（t_1，t_w，℃）、比热计出口温度（t_2，℃）、当地相应的大气压力（B，kPa）、流量计出口处的表压

（Δh，毫米水柱）、电热器的输入功率（W，W）。

（4）增加电热器功率，重复步骤（3），再进行另两个工况的测试并进行数据记录。

（5）调节电加热器功率为 0 W，关闭电加热，停止实验。

关闭电加热后，让风机继续运行十分钟左右，使比热仪主体温度降至 50 ℃以下后关闭风机电源及实验台电源。

五、实验数据

（1）根据电热器消耗的电功率，可算出电热器单位时间放出的热量。

$$Q = W \tag{2-28}$$

（2）根据流量计出口空气的干湿球温度，从湿空气的焓-湿图查出含湿量（d，g/kg$_+$），并根据下式计算水蒸气的摩尔分数。

$$M_w = \frac{\dfrac{d \times 10^{-3}}{18}}{\dfrac{1}{29} + \dfrac{d \times 10^{-3}}{18}} = \frac{\dfrac{d}{621}}{1 + \dfrac{d}{621}} \tag{2-29}$$

则干空气的摩尔分数为 $M_a = 1 - M_w$。

（3）干空气质量流量如下。

$$G_a = \frac{PVM_a}{R_g T_0} = \frac{(B \times 10^3 + \Delta h \times 9.81) \times 10/1000/\tau \times M_a}{287(t_0 + 273.15)} (\text{kg/s}) \tag{2-30}$$

（4）水蒸气质量流量如下。

$$G_w = \frac{PVM_w}{R_q T_0} = \frac{(B \times 10^3 + \Delta h \times 9.81) \times 10/1000/\tau \times M_w}{461(t_0 + 273.15)} (\text{kg/s}) \tag{2-31}$$

（5）干空气吸收热量如下。

$$Q_a = c_p G_a (t_2 - t_1) (\text{W}) \tag{2-32}$$

（6）水蒸气吸收热量如下。

$$Q_w = c_w G_w (t_2 - t_1) (\text{W}) \tag{2-33}$$

上式中 c_w 为水蒸气的比热容，可根据 $\dfrac{t_1 + t_2}{2}$ 温度查得。

（7）干空气定压比热容如下。

$$c_p = \frac{Q_a}{G_a(t_2 - t_1)} = \frac{Q - Q_w}{G_a(t_2 - t_1)} [\text{J/(kg} \cdot \text{K)}] \tag{2-34}$$

（8）空气定压比热容如下。

$$c_a = \sum_{i=1}^{n} w_i c_i = w_a c_p + w_w c_w [\text{J/(kg} \cdot \text{K)}] \tag{2-35}$$

上式中 w_a、w_w 分为干空气和水蒸气的质量分数。

（9）比热随温度的变化关系如下。

整理数据，查阅所测定温度 $\dfrac{t_1+t_2}{2}$ 下的空气比热容理论值，将实验值与理论值进行比较，分析误差原因。

假定在 $0\sim300\,℃$ 之间，空气的真实定压比热与温度之间近似地有线性关系，则由 t_1 到 t_2 的平均比热为：

$$C_{0m}\Big|_{t_1}^{t_2}=\frac{\int_{t_1}^{t_2}(a+bt)dt}{t_2-t_1}=a+b\,\frac{t_2+t_1}{2} \qquad (2\text{-}36)$$

因此，若以 $\dfrac{t_2+t_1}{2}$ 为横坐标，以 $C_{0m}\Big|_{t_1}^{t_2}$ 为纵坐标（如图 2-11），则可根据不同的温度范围内的平均比热确定截距 a 和斜率 b，从而得出比热随温度变化的计算式。

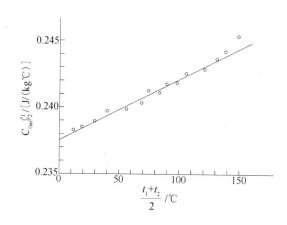

图 2-11　平均比热随温度变化曲线

表 2-7　实验数据记录表

序号	1	2	3
比热仪主体进口处空气的干球温度 $t_1/℃$			
比热仪主体进口处空气的湿球温度 $t_w/℃$			
比热仪主体出口处空气干球温度 $t_2/℃$			
每 10 L 空气通过流量计所需时间 τ/s			
电热器的输入功率 W/W			

续　表

序号	1	2	3
实验时相应的大气压 B/kPa			
流量计出口处的表压 Δh/毫米水柱			

六、实验分析与思考

(1) 要测得空气的流量 G_A（kg/s），应测量哪些物理量？

(2) 在空气的定压比热测定实验中，气体的流量测量采用的是什么仪表（电磁流量计，气体流量计，质量流量计，孔板流量计)？

(3) 采用什么手段调节空气流量的大小？

七、实验报告要求

(1) 实验数据的原始记录及数据处理过程。

(2) 完成平均比热与温度的关系图绘制，并获得比热随温度变化的计算式。

实验 2.5 循环式空调过程实验

一、实验目的

（1）了解循环式空调过程实验装置的结构及仪表使用方法。

（2）理解湿空气的干湿球温度、露点温度等相关概念及焓-湿（h-d）图使用方法。

（3）掌握对空气进行降温和除湿的性能测试方法。

二、实验原理

湿空气过程计算主要是研究过程中湿空气焓值及含湿量与温度、相对湿度之间的变化关系。一般方法为利用稳定流动能量方程（通常不计动能差和位能差）及质量守恒方程，并借助湿空气的焓-湿图。

循环式空调过程实验装置可实现对空气进行加热、加湿、冷却和除湿等处理过程，并能对空气的温度、湿度进行测量、显示及控制调节。在实验时，可以对空气调节中的各种工况进行观测和实验研究。实验装置的特点是其冷却为表冷式和淋水式，可互换使用，既可用表冷式也可用淋水式对空气进行冷却和去湿。

三、实验装置

（一）主要部件

实验装置的结构如图 2-12 所示。

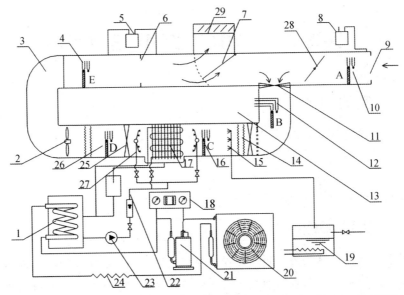

1. 钛包式蒸发器；2. 风机；3. 风管；4. E区干球温度及湿度传感器测点；5. 倾斜式微压计；
6. 排风孔板流量计；7. 新风、回风混合调节阀；8. 倾斜式微压计；9. 新风孔板流量计；
10. A区干球温度及湿度传感器测点；11. 整流孔板；12. B区干球温度及湿度传感器测点；
13. 控制面板；14. 电加热器；15. 蒸汽加湿器；16. C区干球温度及湿度传感器测点；
17. 表冷式冷却器；18. 高低压表及高低压保护继电器；19. 水蒸气发生器；20. 风冷冷凝器；
21. 制冷压缩机；22. 冷冻水流量计；23. 冷冻水泵；24. 膨胀阀；25. 挡水板；
26. D区干球温度及湿度传感器测点；27. 淋水式冷却器；28. 新风调节阀；29. 排风调节阀。

图 2-12　实验装置结构示意图

实验装置由风管 3、风机 2、新风、回风调节阀 7、电加热器 14、蒸汽加湿器 15、表面式冷却器 17（或淋水式冷却器 27）、制冷机组（包括制冷压缩机 21、膨胀阀 24 及风冷冷凝器 20 等）、冷冻水泵 23 等组成，并装有测量风量的孔板流量计和倾斜式微压计，测量各断面的干球温度、相对湿度和测量冷却器进、出水温度的自动显示系统。

通过对调风阀门的调节，可以模拟直流式空调系统（阀门全开）、封闭式（循环式）空调系统（阀门全闭）和一次回风式空调系统。装置设有一次电加热器和二次电加热器，可以对空气进行加热升温；设置加湿器，可以对空气进行加湿；设置冷却器（表冷式或淋水式），可以对空气进行冷却降温和去湿。冷却水由制冷系统制得。所有测温系统都采用铂电阻测量和数字显示。控制面板如图 2-13。

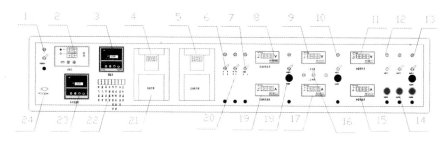

1. 电源总开关；2.16点巡检仪；3. 测温仪表；4. 风机变频器；
5. 压缩机变频器；6. 水泵开关；7. 压缩机开关；8. 压缩机电压；9. 压缩机电流；
10. 二次加热开关；11. 加湿器电压；12、14. 不可调加湿器开关；13. 可调加湿器开关；
15. 加湿器电流；16. 一次、二次加热转换开关；17. 加热电流；18. 一次加热开关；
19. 压缩机电流表；20. 风机开关；21. 风机变频器；22. 温度转换琴键开关；
23. 蒸发器温度保护控制器；24.RS232 通信接口。

图 2-13　实验台控制面板图

（二）主要功能

在实验中，可以利用实验装置模拟不同季节的室内、室外空气环境（在非冬季条件下模拟冬季室外环境有困难），并经合理运行调节，加以测试和分析。

1. 工况调节操作

（1）风机和压缩机的变频：按下电源总开关按钮 1 后，在调定进回风比例的条件下，可以使用变频器（风机变频器 4 及压缩机变频器 5）面板上的上、下箭头来增减频率，以达到预设的风量及功率。

（2）一、二次加热的功率是可调节的（二次加热开关 10 及一次加热开关18），可根据要求进行调节，但调节幅度应缓慢进行，电流可通过对应的转换开关及按键开关在同一个电流表上读出。

（3）在加湿时，刚开始可打开全部（三个）可调加湿器开关 13，以缩短时间，当有蒸汽喷出时，应立即关掉两个无调节的加热器，并把有调节旋钮的加热器旋小，再根据相对湿度的大小来调整加热功率。

（4）在一定的压缩机功率下，钛包式蒸发器的出水温度可以通过水流量计的调节阀进行调节。

2. 模拟夏季实验

夏季的室外空气一般是高温、高湿，空调系统的作用主要是降温和除湿。

在空调装置中，B 区为新风（直流式时），或回风（封闭式时），或新风和回风的混合状态（一次回风式时），进行加热、加湿处理，并通过干湿球温度的测量，调节到设计（模拟）的进风参数。

C区即进入空调的参数。空气流经冷却器降温去湿后，再经二次加热器加热至所要求的参数，最后送到被调房间——E区。

设备可模拟的工况有以下几种。

（1）模拟直流式空气调节系统及测定如下。

直流式空气调节系统是将来自室外的空气经热湿处理后送到空调房间，吸收余热余湿后全部排出室外，即系统的风量等于排风量，$G_i = G_d$，如图 2-14。

要求如下。

①如图 2-14（a）虚线框内所示，利用实验装置模拟室外环境，可模拟夏季室外环境。

②各选择一夏季、冬季处理方案，把室外空气处理到某送风状态，调节一定风量进行运行测定。

③计算空气在空调处理系统中的热量和湿量得失。

④将空气处理过程分别在 h−d 图上表示，并加以说明。

⑤提出直流式空气调节系统的优缺点。

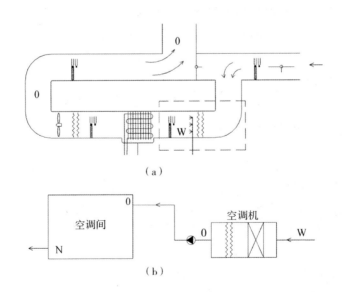

（a）

（b）

图 2-14　模拟直流式空气调节系统图

（2）模拟再循环式空气调节系统及测定如下。

再循环式空气调节系统是把来自空调房间的空气经热湿处理后再送回房间，没有室外空气补入空调系统。即空调房间和空气处理装置及送风、回风管路构成了一个循环系统，如图 2-15。

要求如下。

①如图 2-15（a）虚线框内所示，模拟夏季室外环境，选择空气处理方案，拟定室内空气状态参数，调节一定风量进行运行并测定。

②计算室内余热、余湿及热湿比。

③计算空气在处理系统中的热量和湿量得失，将处理过程在 h−d 图表示并说明。

④提出再循环式空气调节系统的优缺点。

（3）模拟回风式空气调节系统及测定如下。

由前面的实验我们知道，再循环式空气调节系统卫生条件差，而直流式空调系统在经济上又是不合理的。它们都是在特定条件下使用的。为满足卫生要求，又较为经济合理，一般是采用回风式空调系统。即把空调房间的一部分空气与室外的一部分新鲜空气混合经热湿处理后送到空调房间，如图 2-16。

要求如下。

①模拟冬季室外环境如图 2-16（a）虚线框内，选择空气处理方案，拟定室内空气状态参数，调节一定风量和新风百分比进行运行并测定。

②计算室内余热、余湿及热湿比。

③计算空气在处理系统中的热量和湿量得失，将处理过程在 h−d 图表示并说明。

本装置还可做改变风量运行调节实验和制冷系统实验测定。

使用风机变频器或进出风口的调节阀可以改变风量，使用压缩机变频器可以改变压缩机功率，从而改变制冷量。

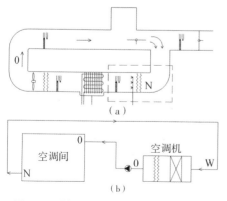

图 2-15　模拟再循环式空气调节系统图

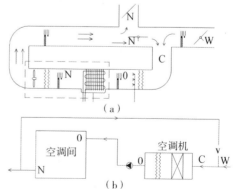

图 2-16　模拟回风式空气调节系统图

（三）主要性能参数

（1）冷冻水系统：冷冻水温由制冷系统及仪表控制，可维持 5 ℃左右，冷却水流量可调节大小，制冷系统制冷量 $W = 3.5\ \text{kW}$；制冷工质为 R22。

（2）使用电源：工作电压 220 V/50 Hz。

（3）空气流量：$L_{\max} = 370\ \text{m}^3/\text{h}$（可调）。

（4）一次加热器：1 000 W 二组，共 2 000 W（可调）。

（5）二次加热器：1 000 W 二组，共 2 000 W（可调）。

（6）加湿器的蒸汽发生器（电热式）：1 500 W 四组，共 6 000 W（一组可调）。

四、实验步骤

（1）实验前准备如下。

①调整微压计为水平状态，并记录 E 区孔板流量计中倾斜式微压差计的初始液位。

②检查冷冻水侧水量是否充足，将冷冻水循环管路及表冷器进出口阀门旋至开启状态。

③将蒸汽发生器水箱充满水，以保证蒸汽发生器用水（应用蒸馏水）。

④计算接口使用干湿球温度计测量相对湿度时，测温前应在湿球上注水；

（2）合上电源总开关，接通开关。在计算机数据采集时，设置并调整仪表参数，启动风机，改变变频器的频率，调节到适当风量（370 m³/h）。

（3）进行夏季降温除湿模拟实验如下。

①将排风调节阀调至全开状态，进行全新风空气处理实验。启动制冷压缩机及冷冻水泵，调节风量蝶阀及水流量调节阀，待系统达到要求条件并稳定后，记录 C 区和 D 区的干湿球温度及倾斜式微压差计的液位。

②将排风调节阀调至开 50%状态，进行 50%回风空气处理实验。启动制冷压缩机及冷冻水泵，调节风量蝶阀及水流量调节阀，待系统达到要求条件并稳定后，记录 C 区和 D 区的干湿球温度及倾斜式微压差计的液位。

③将排风调节阀调至开 75%状态，进行 75%回风空气处理实验。启动制冷压缩机及冷冻水泵，调节风量蝶阀及水流量调节阀，待系统达到要求条件并稳定后，记录 C 区和 D 区的干湿球温度及倾斜式微压差计的液位。

（4）在测试结束后，先关闭电加热器、电加湿器、冷却水泵及制冷压缩机，调节最大风门及最大风量，运行 5 min 左右后，再关闭电源总开关，切断电源。

（5）实验数据处理：根据 C 区和 D 区的干湿球温度，从空气焓湿图中查出各自的绝对含湿量和焓，通过倾斜式微压差计的初始和终了液位计算风量，从而计算出不同工况下空气处理的除湿量和换热量，撰写实验报告。

五、实验数据

（一）空气流量计算

1. 设备常数

进口流量孔板：$\alpha_1 = 0.614$。

出口流量孔板：$\alpha_3 = 0.618$。

孔板流量计直径：$d_1 = d_2 = 0.19$ m。

倾斜式微压计倾斜角度：$\sin\alpha = 5/26$。

2. 风量 G

$$V_1 = \alpha_1 \sqrt{\frac{2\Delta p_1}{\rho_1}} = 0.614 \sqrt{\frac{2\Delta p_1}{\rho_1}} \, (\text{m/s}) \tag{2-37}$$

$$G_1 = \frac{\pi d_1^2}{4} V_1 \rho_1 \, (\text{kg/s}) \tag{2-38}$$

式中：Δp_1 为进口孔板流量计压力差，Pa；

　　　ρ_1 为进口空气密度，kg/m^3。

$$V_3 = \alpha \sqrt{\frac{2\Delta p_3}{\rho_3}} = 0.618 \sqrt{\frac{2\Delta p_3}{\rho_3}} \, (\text{m/s}) \tag{2-39}$$

$$G_3 = \frac{\pi d_3^2}{4} V \rho_3 \, (\text{kg/s}) \tag{2-40}$$

式中：Δp_3 为出风口孔板流量计压力差，Pa；

　　　ρ_3 为出风口空气密度，kg/m^3。

（二）空气处理过程（如图 2-17）

空气处理过程见图 2-17。

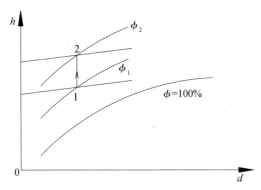

图 2-17 焓-湿图上表示空气处理过程示意图

(三) 空气在降温除湿过程中的换热量与除湿量

$$Q = G(\Delta h)(\mathrm{kw}) \tag{2-41}$$

$$D = G(\Delta d)(\mathrm{g/s}) \tag{2-42}$$

式中：G 为系统的空气风量，kg/s；

Δh 为空气处理前后焓差，kJ/kg；

Δd 为空气处理前后绝对含湿量差，g/kg干空气。

表 2-8　实验数据记录

项目	风量/ (m³/h)	C 区干球 温度/℃	C 区湿球 温度/℃	D 区干球 温度/℃	D 区湿球 温度/℃
全新风					
50％回风					
75％回风					

六、实验分析与思考

(1) 请简述空气除湿的其他方法及原理。

(2) 何为湿空气的露点温度？解释结露和结霜现象，并说明发生的条件。

七、实验报告要求

(1) 简述实验原理与过程。

(2) 各种数据的原始记录及计算过程。

(3) 在焓-湿图上标注出实验过程中的空气变化过程和关键点。

实验 2.6 压气机性能测试实验

一、实验目的

（1）了解活塞式压气机的工作原理和构造、性能测试方法及装置等，知道余隙存在的原因。

（2）了解活塞式压气机等温压缩和等熵压缩的概念，掌握容积效率、等温压缩理论轴功和实际轴功及等温压缩效率的计算方法。

（3）掌握活塞式压气机性能测试方法及相关仪表的使用。

（4）分析影响活塞式压气机性能的因素和提高其性能的方法。

二、实验原理

压气机是广泛使用的工程机械，按照其动作原理及构造主要分为两类：活塞式压气机和叶轮式压气机。依其产生压缩气体的压力范围，习惯上常分为通风机、鼓风机和压气机。

压气机的压缩过程有两种极限工况：一为过程进行极快，气缸散热较差，气体与外界的换热可以忽略不计，过程可视为绝热过程；另一为过程进行十分缓慢，且气缸散热条件良好，压缩过程中气体的温度始终保持与初温相同，可视为定温压缩过程。压气机中进行的实际压缩过程通常在两者之间，压缩过程中有热量传出，气体温度也有所升高，即实际过程是 n 介于 1 与 κ 之间的多变过程。

三、实验装置

本实验台主要是测试单缸活塞式压缩机的性能，包括压气机本体、电机、文丘里流量计及测试系统。在实验过程中主要测量 8 个物理量：①储气罐内压力 P_i，②气体出口压力 P_2，③压气机气缸内的气体压力 P_3，④出口气体的流量 $V_{排}$，⑤出口气体的温度 T_2，⑥入口气体的温度 T_1，⑦电机转速 n 及⑧称重传感器测量扭矩 G。其中，温度采用铂电阻 Pt100 测量，压力采用压力传感器测量，流量采用文丘里流量计测量，转速用专用的转速表测量，扭矩采用称重传感器测量，所有测量数据都在显示仪表（巡检仪）上以数字显示。压气机实验装置控制面板如图 2-18 所示，压气机实验装置本体及传感器位置如图 2-19 所示。

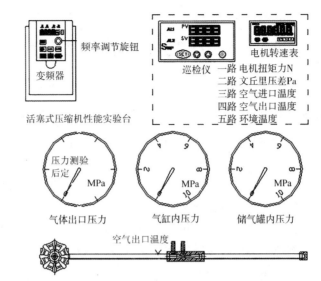

图 2-18　压气机实验装置控制面板图

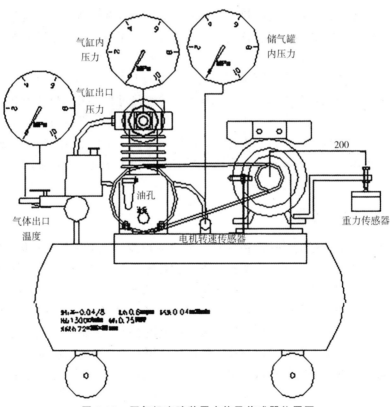

图 2-19　压气机实验装置本体及传感器位置图

四、实验步骤

（1）实验前准备。

预习实验指导书，详细了解实验系统各部分的作用，掌握压气机系统调节方法，熟悉各测试仪表的使用方法及活塞式压气机容积效率和等温压缩效率的计算方法。

（2）检查空压机出口的调节阀是否处于全关状态，逆时针旋转至一定开度即可。

注意：禁止将调节针阀关闭，以免储气罐内压力过高，危险！

（3）启动压气机前，首先读取静态称重传感器数值 G_0；旋转频率调节旋钮，调节电机变频器频率，启动频率值为"50 Hz"，以最大功率启动，点击变频器绿色"启动按钮 RUN"启动；待电机启动并正常运行后，调节频率至实验要求的工况（30 Hz、35 Hz 及 40 Hz）。

（4）根据储气罐内压力，旋转调节针阀，使排气量适当，储气罐内压力保持在压力表刻度的 1/3～2/3 区域。（在实验时，当阀门全开时，气罐内压力很小，因此出口气体压力也很小，为获得一定压力的出口气体，最好不要全开储气罐的调节针阀。）

（5）待储气罐内压力稳定后，记录储气罐内压力、出口气体压力、气缸内气体压力、出口气体流量（文丘里流量计压差）、出口气体温度、入口气体温度、电机转速及称重传感器等参数。

（6）改变工况，重复上述实验。在调整工况时，最少要等稳定 5 min 后再采集记录数据。在调频时，频率要从 30 Hz 做起，然后逐步加大，每增大 5 Hz 做一次实验。若频率太低，压气机容易出现震动。

（7）实验结束后，点击变频器红色"停止 STOP"按钮，电机停止，其他部件不需操作。

（8）处理实验数据，撰写实验报告。

表 2-9 压气机性能计算表

实验次数	1	2	3
变频器频率/Hz	30	35	40
储气罐内压力 P_1/Pa			
气体出口压力 P_2/Pa			
气缸内压力 P_3/Pa			
文丘里流量计压差 Δp/Pa			

续 表

实验次数	1	2	3
出口气体流量 $V_{排}$/（m^3/h）			
称重传感器 G_0（停机时）/g			
称重传感器 G（运行稳定时）/g			
电机转速 n/（r/min）			
出口气体温度 T_2/℃			
入口气体温度 T_1/℃			

五、实验数据

（一）压气机的容积效率 η_v

（1）由于余隙容积的存在，进入排气阀及排气阻力等因素的影响，压气机每次循环的吸气量总是小于气缸排量，按压缩机容积效率定义如下。

$$\eta_v = \frac{气缸实际排量}{气缸理论排量} = \frac{V_{吸}}{V_h} \tag{2-43}$$

式中：$V_{吸}$ 为每次压缩实际吸入空气量，m^3；

V_h 为每次压缩理论吸入空气量，m^3。

（2）次循环的实际吸入空气量 $V_{吸}$ 可由流量计测量，并根据下式整理成大气状态下的体积。

$$V_{吸} = \frac{60}{n} V_{排} （L/转） \tag{2-44}$$

式中：n 为压气机实测转速，r/min；

$V_{排}$ 为流量计的体积流量，m^3/s。

（3）文丘里流量计 $V_{排}$ 的体积流量计算式如下。

$$V_{排} = \frac{\pi d_2^2}{4} \sqrt{\frac{2\Delta p}{\rho\left(1 - \dfrac{d_2^4}{d_1^4}\right)}} （m^3/s） \tag{2-45}$$

式中：d_1 为入口管径，8×10^{-3} m；

d_2 为喉部管径，4×10^{-3} m；

ρ 为被测流体密度，kg/m^3；

Δp 为节流件前后差压，Pa。

（4）气机气缸理论排量：

$$V_h = \frac{\pi}{4} D^2 S (\text{立方米} / \text{转})$$

(2-46)

式中：D 为气缸直径，5.1×10^{-2} m；

S 为气缸的活塞行程，3.85×10^{-2} m。

（二）压缩机的定温压缩效率 η_{cr}

（1）按定温压缩效率的定义：

$$\eta_{cr} = \frac{\text{定温压缩理论功率}}{\text{实际功率}} = \frac{W_{cr}}{W'_s}$$

(2-47)

$$W_{cr} = \dot{m} \times \omega_{cr}$$

（2）质量流量的计算：

$$\dot{m} = \frac{P_2}{R_g T_2} \times V_{排} (\text{kg/s})$$

(2-48)

（3）定温压缩理论功率计算：

$$\omega_{cr} = R_g T_1 \ln \frac{P_3}{P_1} (\text{kJ/kg})$$

(2-49)

式中：P_3 为气缸内压力，Pa；

P_1 为环境大气压力，Pa；

T_1 为环境大气温度，K；

P_2 为储气罐排气压力，Pa；

T_2 为储气罐排气温度，K。

（4）实际轴功的计算：

对于压气机的实际功率 W_s'，其计算公式为：

$$W_s' = F_1 \cdot L \cdot \frac{2\pi n_1}{60} = (G_1 - G_0) \cdot L \cdot \frac{2\pi n}{60} \cdot g (\text{W})$$

(2-50)

式中：n 为电机旋转速度，r/min；

F_1 为力臂上的作用力，N；

L 为力臂长度，0.2m；

G_1 为砝码总重（称重传感器），N；

G_0 为电机未转动情况下平衡时的初始砝码重量（称重传感器），N；其中，称重传感器测量的单位是 g，要将其转换为单位 N。

六、实验分析与思考

（1）压缩机的等温效率如何定义？

（2）压缩机的等温压缩和绝热压缩，何种方式耗功大？采用什么方式可以减少耗功？

（3）随压缩机压比增大，相应压缩机等温效率是增大还是减小，为什么？

七、实验报告要求

（1）各种数据的原始记录及计算过程。

（2）实验分析与思考。

八、实验注意事项

（1）要注意以下两方面安全问题。

①在实验过程中，人要站在黄线以外，书包等不要靠近实验台放置，以免在振动过程中被皮带吸入。

②在实验过程中，要时刻关注储气罐内压力，不得超过 0.8 MPa（表压），即储气罐的放气阀开度不能过小，如果压力过高，应逆时针开大放气阀。当然也没有必要使储气罐内压力过低，造成计算数据不准确。

（2）在实验中测量的压力均为标压，而带入计算时，压力均为绝对压力，要注意换算。

（3）在开机前，先要读取静止状态下称重传感器的示数，这是重力造成的；当储气罐内压力稳定时，再读取称重传感器的示数，二者相减的数值才可用于计算电机扭矩力。另外，在开机后，称重传感器的示数波动较大，这是电机旋转振动造成的称重传感器的有力波动，应读取较大示数的平均值。

实验 2.7 制冷循环性能系数测试实验

一、实验目的

（1）加强对蒸汽压缩式制冷循环的理解，了解单级蒸汽压缩式制冷系统的组成，掌握实验测试仪表的使用方法。

（2）测定制冷机标准工况（或空调工况）下的运行参数，计算制冷量 q_0、压缩机功率 W 和制冷性能系数 ε。

（3）学会使用压—焓（$\lg p - h$）图分析影响制冷机性能的因素和规律。

二、实验原理

制冷循环是将热量从低温热源吸取、向高温热源释放的热力学循环。根据热力学第二定律，进行这样的自发过程的逆向过程是需要付出代价的，因此必须提供机械能（或热能等），以确保包括低温热源、高温热源、功源（或向循环供能的源）在内的孤立系统的熵不减少。常见的制冷循环包括压缩式制冷循环、吸收式制冷循环、吸附式制冷循环等，以压缩蒸汽制冷循环为主。

三、实验装置

本实验采用第二制冷剂的电量热器法测量制冷系统蒸发器的制冷量，是间接测定制冷量的一种装置，即利用电加热器发出的热量来消耗制冷量。实验装置如图 2-20 所示。

实验原理：制冷循环的经济性指标，可以通过制冷工质吸收的热量 Q_0（制冷量）和循环耗功量 W 的比值（制冷系数）ε 来衡量。

$$\varepsilon = Q_0/W = q_0/w$$

实验系统采用的制冷工质是氟利昂 22（R22），它在蒸发盘管中吸热蒸发，使管外蒸汽氟利昂 11（R11）（又称为第二制冷剂）冷凝。为使制冷过程持续不断地进行，R11 被 R22 带走的热量由电加热器不断加热补充，使冷凝的 R11 汽化。系统工况达到稳定时，R22 加热汽化量与 R11 冷却凝结量相等，测得的电加热功率 N 即为 R22 带走的热量 Q_0，亦即 $Q_0 = N$。该加热汽化与冷却凝结过程在本实验系统中的量热器中完成。

对于理想循环，压缩机压缩过程为等熵过程（如图 2-20、2-21 所示），制冷循环中压缩机的理论耗功量为 W_0，若 R22 的流量为 q_m（kg/s），可以求出。

$$W_0 = q_m \times (h_{2s} - h_1)(\mathrm{kW}) \tag{2-51}$$

制冷量计算如下。

$$Q_0 = q_m \times (h_1 - h_4)(\mathrm{kW}) \tag{2-52}$$

式中：h 为焓值（kJ/kg），下标 1、2s 和 4 分别为压缩机等熵压缩的进出口状态点和膨胀阀节流前后的状态点。

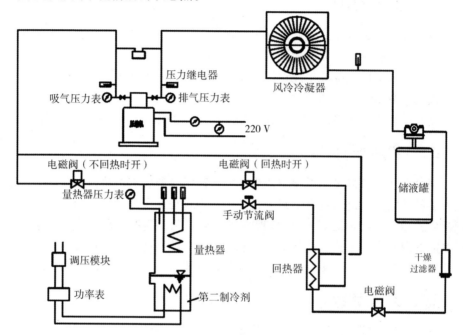

图 2-20　实验装置原理图

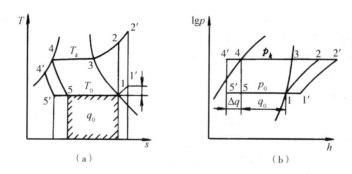

图 2-21　饱和制冷循环和回热制冷循环 $\lg p - h$ 图

在实际循环中，压缩机绝热压缩过程存在着各种不可逆因素，如摩擦等，因此其并不是一个等熵过程，实际绝热耗功量 W_i 如下。

$$W_i = q_m \times (h_2 - h_1)$$

式中：下标 2 为压缩机出口的实际状态点。

从以上表达式可知，要计算循环耗功量和制冷量，必须确定工质在各个状态点的焓值，同时测得循环中工质 R22 的流量 q_m。

理想制冷循环的制冷系数 ε_0 如下。

$$\varepsilon_0 = Q_0 / W_0 = q_m \times (h_1 - h_1) / [q_m \times (h_{2s} - h_1)] = (h_1 - h_4) / (h_{2s} - h_1) \tag{2-53}$$

实际制冷循环的制冷系数 ε_i 为如下。

$$\varepsilon_i = Q_i / W_i = q_m \times (h_1 - h_4) / [q_m \times (h_2 - h_1)] = (h_1 - h_4) / (h_2 - h_1) \tag{2-54}$$

点 1 状态由测得的压缩机吸气压力 p_1 和吸气温度 t_1 共同确定，点 2 状态由测得的压缩机排气压力 p_2 和排气温度 t_2 共同确定，点 3 状态由 $p_{2'}$ 和冷凝器出口过冷温度确定。

在确定点 1 和点 2 的状态后，工质单位质量制冷量如下。

$$q_0 = h_1 - h_4 (\text{kJ/kg}) \tag{2-55}$$

测得的量热器的电加热功率为 N（kW），则有如下公式。

$$N = Q_0 = q_m \times q_0 = q_m \times (h_1 - h_4)(\text{kW}) \tag{2-56}$$

从而可以计算出 R22 工质的流量。

$$q_m = Q_0 / q_0 = N / (h_1 - h_4)(\text{kg/s}) \tag{2-57}$$

实际制冷循环的制冷系数 ε_i 的计算如下。

$$\varepsilon_i = Q_i / W_i = N / [q_m \times (h_2 - h_1)] = (h_1 - h_4) / (h_2 - h_1) \tag{2-58}$$

制冷循环装置性能系数 $\varepsilon_{\text{装置}}$ 为量热器的电功率 N 与电动机的输入功率 W 之比。

$$\varepsilon_{\text{装置}} = N / W \tag{2-59}$$

四、实验步骤

（一）实验前准备

详细了解实验装置及各组件的作用，检查和熟悉各测试仪表的安装位置及所测参数的作用；了解和掌握制冷系统的操作规程；熟悉制冷工况调节方法。

（二）制冷系统的启动

（1）检查量热器电加热处于关闭状态，调节针阀（节流阀）至一定开度（不可关闭！）。

（2）检查制冷系统各阀门是否正常，即压缩机排气阀和吸气阀必须处于开启状态。

（3）推上压缩机启动开关，压缩机与冷凝器风机同时启动，若风机未启动，必须立即关闭压缩机开关并排除故障。

（4）检查制冷系统各组件运转情况，即排气压力、吸气压力、蒸发压力及油压是否正常。

（5）调节针阀（节流阀），使蒸发压力至 0.6 MPa 左右。

（三）通过切换开关，首先进行无回热制冷循环，推上量热器电加热开关

（四）调节稳定工况

（1）压缩机排气压力通过改变冷凝器风量来调节。吸气压力通过供给蒸发盘管的制冷剂流量及量热器电加热功率（不超过 400 W）来调节。

（2）压缩机的吸气温度通过改变量热器的电加热功率来调节。

（3）调节针阀至一定开度后，观察量热器温度变化趋势，调节电加热功率，至量热器温度稳定。

注意：不能频繁调节电加热功率，制冷系统稳定需要时间较长。

（五）测定并记录数据

（1）记录蒸发压力 P_e，冷凝压力 P_c，排气温度 t_3，再冷温度 t_6''，节流阀后液体温度 t_5，进蒸发器温度 t_1''，出蒸发器温度 t_1'，吸气温度 t_1，室内环境温度 t_h 和量热器内压力 P。

（2）记录量热器的电功率 N。

（3）从电压表及电流表记录压缩机的输入功率 W。

（4）待三次记录数据均在稳工况要求范围内，该工况测试结束。通过切换开关，进行有回热制冷循环，重复上述试验。

（六）实验结束

根据实验数据，利用制冷剂 R22 的 $\lg p-h$ 图确定循环各点的焓值，计算制冷循环性能系数 ε_i 和循环装置性能系数 $\varepsilon_{装置}$。

五、实验数据

实验数据记录见表 2-10。

表 2-10　实验数据记录表

工况		量热器加热功率/W	量热器温度/℃	压缩机电流/A	压缩机电压/V	吸气压力/MPa	吸气温度/℃	排气压力/MPa
无回热	1							
	2							
	3							
有回热	1							
	2							
	3							

工况		排气温度/℃	冷凝压力/MPa	冷凝温度/℃	蒸发压力/MPa	蒸发器进温度/℃	蒸发器出温度/℃	过冷温度/℃
无回热	1							
	2							
	3							
有回热	1							
	2							
	3							

六、实验分析与思考

（1）影响制冷系数的因素有哪些？

（2）节流阀前液体的过冷度大小对制冷循环ε结果的影响如何？

（3）制冷量不同，制冷系数ε是否一定不同？

七、实验报告要求

（1）简述实验原理与过程。

（2）各种数据的原始记录及计算过程。

实验 2.8　等温加湿与等焓加湿性能测试实验

一、实验目的

（1）掌握干湿球温度、露点温度、相对湿度、焓等湿空气状态参数的概念。

（2）掌握湿空气焓—湿图五种线群的特点及使用方法。

（3）掌握湿空气的处理过程的特性，特别是等温加湿和等焓加湿过程。

（4）了解循环式空调过程实验装置的结构、等温加湿和等焓加湿的主要设备及功能。

（5）测定绝热加湿和等焓加湿过程前后空气干湿球温度，借助焓—湿图、能量方程及质量方程，研究湿空气焓值及含湿量与干湿球温度、相对湿度之间的关系。

二、实验原理

湿空气是指含有水蒸气的空气，完全不含水蒸气的空气则称为干空气。

饱和湿空气指干空气与饱和水蒸气组成的湿空气。饱和湿空气吸收水蒸气的能力已经达到极限，若再向其中加入水蒸气，将凝结为水滴从中析出，这时水蒸气的分压力和密度是该温度下可能有的最大值。如果水蒸气未达饱和，则该状态下的湿空气称为未饱和湿空气。

干球温度 t，指使用普通温度计测出来的湿空气的温度。

湿球温度 t_w，指使用湿球温度计测出来的湿空气的温度。

露点温度 t_d，指湿空气中水蒸气的分压力对应的饱和温度。即当湿空气被冷却到露点温度时，湿空气变为饱和湿空气，如果继续冷却将会结露。其定义也可以表达为，在一定的水蒸气分压力下（湿空气不与水或湿物料接触的情况），未饱和湿空气冷却达到饱和湿空气，即将结出露珠时的温度，可用湿度计或露点仪测量，测得露点温度相当于测定了水蒸气分压力。

相对湿度 ϕ，指湿空气中水蒸气分压力与同一温度同样总压力的饱和湿空气中水蒸气分压力的比值。ϕ 值介于 0～1 之间，ϕ 越小表示湿空气离饱和湿空气越远，即空气越干燥，吸取水蒸气的能力越强。

含湿量 d，指 1 kg 干空气所带有的水蒸气质量。

焓 h，指 1 kg 干空气的湿空气的焓值，等于 1 kg 干空气的焓和 d kg 水蒸气的焓之总和。

在一定的总压力下，湿空气的状态可用干球温度、湿球温度、露点温度、相对湿度、含湿量、水蒸气分压力和焓等 7 个状态参数进行表示，其中只有两个是独立变量。根据这两个独立参数用解析法可以确定其他参数，从而对湿空气的热力过程进行分析计算。但该方法比较繁复，在工程计算中仍大量使用线图，线图相对简捷方便，最常用的是焓—湿图。

焓湿图的纵坐标是湿空气的比焓，横坐标是含湿量，为了使各曲线簇不致拥挤，提高读数准确度，两坐标夹角为 135°，而不是 90°。

湿空气过程计算主要是研究过程中湿空气焓值及含湿量与温度、相对湿度之间的关系。一般方法为利用稳定流动能量方程及质量守恒方程，并借助焓湿图进行计算。

绝热加湿过程一般包括喷水加湿和喷蒸汽加湿。前者在绝热条件下向湿空气喷水，增加其含湿量时，因水分蒸发需要热量，汽化热量将由空气本身供给，因而加湿后空气的温度降低，属于等焓加湿。后者在绝热条件下向湿空气中喷干饱和蒸汽，属于等温加湿。如图 2-22 所示。

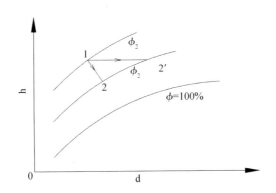

图 2-22　焓—湿图上表示等温加湿和等焓加湿空气处理过程示意图

（一）绝热喷水加湿（等焓加湿）过程

根据质量守恒，喷水量等于湿空气流含湿量的增加。

$$q_{m,l} = q_{m,a}(d_2 - d_1) \qquad (2\text{-}60)$$

式中，下标 l 表示液态水，下标 a 表示空气。

根据能量守恒，稳定流动，且绝热不作外功，$q = 0$，$w = 0$，故有下式。

$$q_{m,a}h_1 + q_{m,a}(d_2 - d_1)h_l = q_{m,a}h_2 \qquad (2\text{-}61)$$

$$h_1 + (d_2 - d_1)h_l = h_2 \qquad (2\text{-}62)$$

由于水的焓值 h_l 相对来说要小很多，含湿量差 $d_2 - d_1$ 也较小，因此，喷水带入的焓值可忽略不计，即 $(d_2 - d_1)h_l \approx 0$，因此 $h_1 \approx h_2$。

综上所述，绝热喷水加湿过程在焓—湿图上沿等焓线向含湿量 d、相对湿度 ϕ 增大、干球温度 t 减小的方向进行。

（二）绝热喷蒸汽加湿（等温加湿）过程

根据质量守恒，喷蒸汽量等于湿空气气流含湿量的增加。

$$q_{m.v} = q_{m.a}(d_2' - d_1) \qquad (2\text{-}63)$$

式中，下标 v 表示蒸汽，下标 a 表示空气。

根据能量守恒，稳定流动，且绝热不作外功，$q=0$，$w=0$，故有下式。

$$h_1 + (d_2' - d_1)h_v = h_2' \qquad (2\text{-}64)$$

综上所述，由于水蒸发所需的热量来自水本身，水蒸气喷入后不发生显热交换，因此，绝热喷蒸汽加湿过程在焓湿图上沿等干球温度线，向焓 h、含湿量 d、相对湿度 ϕ 均增大的方向进行，故称为等温加湿过程。

三、实验装置

见实验 2.5 中实验装置部分。

四、实验步骤

（1）实验前准备。

①调整倾斜式微压差计为水平状态，并记录新风段和排风段孔板流量计中倾斜式微压差计的初始液位。

②将喷淋水箱充满，喷淋水进出口阀门处于开启状态。

③将蒸汽发生器水箱充满水，蒸汽发生器阀门处于开启状态，以保证蒸汽发生器用水（应用蒸馏水）。

④使用干湿球温度计测量相对湿度时，测温前应在湿球上注水。

（2）合上电源总开关，接通开关。在计算机采集数据时，设置并调整仪表参数，启动风机，改变变频器的频率，调节适当风量（370 m³/h）。

（3）进行两种加湿模拟实验。

①将排风调节阀调至全开状态，进行全新风空气处理实验。启动蒸汽发生器，进行等温加湿处理过程。待工况稳定后，记录 B 区和 D 区的干湿球温度及倾斜式微压差计的液位。

②将排风调节阀调至开 50% 状态，进行 50% 回风空气处理实验。待工况

稳定后，记录 B 区和 D 区的干湿球温度及倾斜式微压差计的液位。

③将排风调节阀调至开 75％状态，进行 75％回风空气处理实验。待工况稳定后，记录 B 区和 D 区的干湿球温度及倾斜式微压差计的液位。

④关闭蒸汽加热器，启动喷淋水泵，进行等焓加湿处理实验。排风阀仍按照上述 3 种排风阀开度进行调节。待工况稳定后，记录 B 区和 D 区的干湿球温度以及倾斜式微压差计的液位；

（4）测试结束后，先关闭电加热器、电加湿器，或喷淋水泵，调节最大风门及最大风量，运行 5 min 左右后再关闭电源总开关，切断电源。

（5）实验数据处理，撰写实验报告。

（6）注意事项如下。

①一、二次加热的功率是可调节的，可根据要求进行调节，但调节幅度应缓慢进行。电流可通过对应的转换开关及按键开关在同一个电流表上读出。

②等温加湿时，刚开始可打开全部（三个）蒸汽加热器开关按钮，以缩短时间，当有蒸汽喷出时，应立即关掉两个无调节的加热器，并把有调节旋钮的加热器旋小，再根据相对湿度的大小来调整加热功率。

五、实验数据

(一) 空气流量计算

（1）设备常数如下。

进口流量孔板：$\alpha_1 = 0.614$。

出口流量孔板：$\alpha_3 = 0.618$。

孔板流量计直径：$d_1 = d_2 = 0.19 \text{ m}$。

（2）风量计算如下。

$$v_1 = \alpha_1 \sqrt{\frac{2\Delta p_1}{\rho_1}} = 0.614 \sqrt{\frac{2\Delta p_1}{\rho_1}} \text{ (m/s)} \tag{2-65}$$

$$G_1 = \frac{\pi d_1^2}{4} v_1 \rho_1 \text{ (kg/s)} \tag{2-66}$$

式中：Δp_1 为进口孔板流量计压力差，Pa；

ρ_1 为进口空气密度，kg/m³。

$$v_3 = \alpha \sqrt{\frac{2\Delta p_3}{\rho_3}} = 0.618 \sqrt{\frac{2\Delta p_3}{\rho_3}} \text{ (m/s)} \tag{2-67}$$

$$G_3 = \frac{\pi d_3^2}{4} v_3 \rho_3 \text{ (kg/s)} \tag{2-68}$$

式中：Δp_3 为出风口孔板流量计压力差，Pa；

　　　ρ_3 为出风口空气密度，kg/m³。

（二）空气在加湿过程中的换热量与加湿量。

$$Q = G(\Delta h)(\text{kw}) \tag{2-69}$$
$$D = G(\Delta d)(\text{g}) \tag{2-70}$$

式中：G 为系统的空气风量，kg/s；

　　　Δh 为空气处理前后焓差，kJ/kg；

　　　Δd 为空气处理前后绝对含湿量差，g/kg干空气。

（三）在焓—湿图上表示空气处理过程

表 2-11　实验原始数据记录及焓湿图查询参数

	孔板流量计压差		B处干球温度/℃	B处湿球温度/℃	D处干球温度/℃	D处湿球温度/℃	焓—湿图查询							
	进口 Δp_1	出口 Δp_3					含湿量/(g/kg干)		相对湿度 φ		比焓值/(kJ/kg)		比体积/(m³/kg)	
							B	D	B	D	B	D	B	D
全新风	等温加湿													
50%回风														
75%回风														
全新风	等焓加湿													
50%回风														
75%回风														

六、实验分析与思考

（1）查阅资料，简述其他加湿方法及原理。

（2）何为空气含湿量？相对湿度越大则含湿量越高，这样说对吗？试分析原因。

七、实验报告要求

（1）各种数据的原始记录。

（2）实验数据处理如下。

①根据 B 和 D 处湿空气的干湿球温度在焓—湿图上画出 B 和 D 的位置。

②查出 B 和 D 处的空气含湿量、相对湿度、焓值及密度。

③根据压差计算湿空气的进出口流速，根据 B 和 D 处的空气密度进而计算进出口空气质量流量。

④计算处理过程的换热量和加湿量。

（3）实验误差分析。

八、实验注意事项

（1）安全问题：在进行喷蒸汽加湿时，要启动电加热蒸汽发生器，注意控制加热功率，蒸汽喷嘴未喷出蒸汽时，电加热可以全功率运行；当有蒸汽喷出时，应调小电加热功率，以控制蒸汽加湿量。在加热过程中，一定要小心不要触碰蒸汽发生器及管路，以免烫伤。

（1）如倾斜式微压差计中液体有气泡，应用洗耳球向其中反复打气，振荡，以驱除空气泡。

第三章 工程流体力学实验

实验 3.1 流体静力学实验

一、实验目的

（1）掌握用测压管测量流体静压强的技能。

（2）验证不可压缩流体静力学基本方程。

（3）通过对诸多流体静力学现象的实验分析研讨，进一步提高解决静力学实际问题的能力。

二、实验原理

（1）在重力作用下，不可压缩流体静力学基本方程如下。

$$z + \frac{p}{\rho g} = const \tag{3-1}$$

或

$$p = p_0 + \rho g h \tag{3-2}$$

式中：z 为被测点在基准面以上的位置高度，m；

p 为被测点的静水压强，用相对压强表示，Pa；

p_0 为水箱中液面的表面压强，Pa；

ρ 为液体的密度，kg/m^3；

g 为重力加速度，m/s^2；

h 为被测点的液体深度，m。

（2）对装有水、油（图 3-1 及图 3-2）的 U 形测管应用等压面，可得油的相对密度 S_0。有下列关系。

$$S_0 = \frac{\rho_0 g}{\rho_w g} = \frac{h_1}{h_1 + h_2} \tag{3-3}$$

因此，可用仪器（不另用尺子）直接测得 S_0。

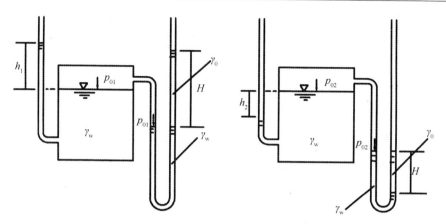

图 3-1 水面与油水交界面齐平图　　　图 3-2 水面与油面齐平图

说明：

a. 观察管内水位读数时，水位应稳定（水位调节后 1～2 min）；

b. 读测压管示值时，视线须与液面在同一个水平面内；

c. 操作时要小心，注意不要碰坏仪器。

三、实验装置

本实验的装置如图 3-3 所示

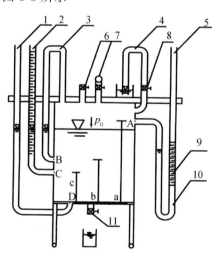

1. 测压管；2. 带标尺测压管；3. 连通管；4. 真空测压管；5. U 形测压管；
6. 通气阀；7. 加压打气球；8. 截止阀；9. 油柱；10. 水柱；11. 减压放水阀。

图 3　流体静力学实验装置图

说明：

a. 所有测管液面标高均以标尺（测压管 2）零读数为基准；

b. 仪器铭牌所注 ∇_B、∇_C、∇_D 系测点 B、C、D 标高，若同时取标尺零点作为静力学基本方程的基准，则 ∇_B、∇_C、∇_D 亦为 Z_B、Z_C、Z_D；

c. 本仪器中所有阀门旋柄均以顺管轴线为开。

四、实验步骤

（1）熟悉仪器组成及其使用方法。

①阀门的开关。

②加压方法：关闭所有阀门（包括截止阀），然后用打气球充气。（加压过程要缓慢进行，注意观察 U 形测压管 5，管中油不要压入大气环境中。）

③减压方法：开启位于筒底的减压放水阀 11，进行放水。

④检查仪器是否密封：加压后检查测压管 1、带标尺测压管 2、U 形测压管 5 液面高程是否恒定。若下降，表明漏气，应查明原因并加以处理。

（2）记录仪器号及各常数（记入表 3-1）。

表 3-1　流体静压强测量记录及计算表　　　　　　单位：cm

实验条件	次序	水箱液面∇_0	测压管液面 ∇_H	压强水头				测压管水头	
				$\dfrac{p_A}{\gamma}=$ $\nabla_H-\nabla_0$	$\dfrac{p_B}{\gamma}=$ $\nabla_H-\nabla_B$	$\dfrac{p_C}{\gamma}=$ $\nabla_H-\nabla_C$	$\dfrac{p_D}{\gamma}=$ $\nabla_H-\nabla_D$	$Z_C+\dfrac{P_C}{\gamma}$	$Z_D+\dfrac{P_D}{\gamma}$
$p_0=0$	1								
$p_0>0$	1								
	2								
	3								
$p_0<0$（其中一次 $p_B<0$）	1								
	2								
	3								

注：表中基准面选在＿＿＿＿＿＿＿＿＿＿＿＿；$Z_C=$＿＿＿＿cm；$Z_D=$＿＿＿＿cm。

（3）量测各点静压强（各点压强用厘米水柱高表示）。

①打开通气阀 6（此时 $p_0=0$），记录水箱液面标高 ∇_0 和带标尺测压管 2 液面标高 ∇_H（此时 $\nabla_0=\nabla_H$）；

②关闭通气阀 6 及截止阀 8，加压使之形成 $p_0>0$，测量并记录 ∇_0 及 ∇_H；

③打开减压放水阀 11 使之形成 $p_0 < 0$（要求其中一次 $\frac{p_B}{\rho g} < 0$，即 $\nabla_H < \nabla_B$），测量并记录 ∇_0 及 ∇_H。

（4）测定油的相对密度 S_0。

①开启通气阀 6，测量并记录 ∇_0。

②关闭通气阀 6，打气加压（$p_0 > 0$），微调放气螺母使 U 形测压管中水面与油水交界面齐平（图 3-2），测量并记录 ∇_0 及 ∇_H（此过程反复进行 3 次）。

③打开通气阀 6，待液面稳定后，关闭所有阀门；然后开启减压放水阀 11 降压（$p_0 < 0$），使 U 形测压管中的水面与油面齐平（图 3-3），测量并记录 ∇_0 及 ∇_H（此过程亦反复进行 3 次）。

五、实验数据

（1）记录有关常数。

各测点的标尺读数为：$\nabla_B =$ _____ cm；$\nabla_C =$ _____ cm；$\nabla_D =$ _____ cm。

（2）将测压管读数记入表 3-1 和表 3-2 中。

表 3-2　油重度测量记录及计算表　　　　单位：cm

条件	次序	水箱液面 ∇_0	测压管液面 ∇_H	$h_1 = \nabla_H - \nabla_0$	$\overline{h_1}$	$h_2 = \nabla_0 - \nabla_H$	$\overline{h_2}$	$S_0 = \dfrac{\gamma_0}{\gamma_w} = \dfrac{\overline{h_1}}{\overline{h_1} + \overline{h_2}}$
$p_0 > 0$ 且 U 形管中水面与油水交界面齐平	1							
	2							
	3							
$p_0 < 0$ 且 U 形管中水面与油面齐平	1							
	2							
	3							

（3）分别求出各次测量时 A、B、C、D 四点的压强，并选择同一基准检验同一静止液体内的任意两点的 $\left(z + \dfrac{p}{\rho g} \right)$ 是否为常数。

（4）求出油的相对密度。

六、实验分析与思考

（1）同一静止液体内的测压管水头线有何特点？

（2）如测压管太细，对测压管液面的读数将有何影响？

（3）过 C 点作一水平面，相对管 1、2、5 及水箱中液体而言，这个水平面是不是等压面？哪一部分液体是同一等压面？

备注：式（3-3）推导如下。

当 U 形管中水面与油水界面齐平（图 3-2）时，取其顶面为等压面，则有下式。

$$P_{01} = \rho_w g h_1 = \rho_0 g H \tag{3-4}$$

当 U 形管中水面和油面齐平（图 3-3）时，取其油水界面为等压面，则有下式。

$$P_{02} + \rho_w g H = \rho_0 g H \tag{3-5}$$

P_{02} 还有下式。

$$P_{02} = -\rho_w g h_2 = \rho_0 g H - \rho_w g H \tag{3-6}$$

由（3-4）（3-6）两式联解可得下式。

$$H = h_1 + h_2$$

代入式（3-4）得下式。

$$\frac{\rho_0 g}{\rho_w g} = \frac{h_1}{h_1 + h_2} \tag{3-7}$$

实验 3.2　雷诺实验

一、实验目的

（1）观察层流、紊流的流态及其转换过程。

（2）测定临界雷诺数，掌握圆管流态判别准则。

（3）学习应用无量纲参数进行实验研究的方法，并了解其实用意义。

二、实验原理

流体流动有两种不同的状态，即层流和紊流，用雷诺数（Reynolds'Number，Re）来判断流态，有如下公式。

$$R_e = \frac{vd}{\nu} = \frac{4Q}{\pi d\nu} = KQ \qquad (3\text{-}8)$$

$$K = \frac{4}{\pi d\nu} \qquad (3\text{-}9)$$

式中：

K 为常数；

v 为液体在管道中的平均流速，m/s；

d 为管道内径，m；

ν 为水的运动黏度，m^2/s。

三、实验装置

实验装置结构示意图如图 3-4 所示。

供水流量由无级调速器调控使恒压水箱 3 始终保持微溢流的程度，以提高进口前水体稳定度。本恒压水箱还设有多道稳水隔板，可使稳水时间缩短到 3～5 min。有色水经有色水水管 6 注入实验管道 7，可据有色水散开与否判别流态。为防止自循环水污染，有色指示水采用自行消色的专用色水。

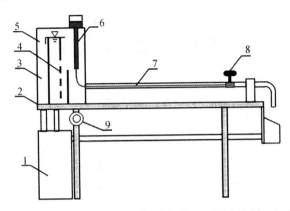

1. 自循环供水器；2. 实验台；3. 恒压水箱；4. 稳水孔板；5. 溢流板；
6. 有色水水管；7. 实验管道；8. 实验流量调节阀；9. 可控硅无级调速器。

图 3-4 雷诺实验装置结构示意图

四、实验步骤

（1）测记本实验的有关常数。

（2）观察两种流态。

启动供水水泵使水箱充水至溢流水位，经稳定后，微微开启实验流量调节阀 8，打开有色水管道的阀门，注入有色水，可以看到圆管中有色水随水流动形成一直线状，这时的流态即为层流。然后逐步开大实验流量调节阀，当流量增大到一定程度时，可见管中有色水发生混掺，直至消色。表明流体质点已经发生无序的杂乱运动，这时的流态即为紊流。

（3）测定下临界雷诺数。

①将调节阀打开，使管中呈完全紊流状态，再逐步关小调节阀使流量减小。当流量调节到使有色水在全管刚呈现出一稳定直线时，即为下临界状态。

②待管中出现临界状态时，用体积法或电测法测定流量。

③根据所测流量计算下临界雷诺数，并与公认值（2 000）比较，偏离过大，需重测。

④重新打开调节阀，使其形成完全紊流，按照上述步骤重复测量，不少于三次。

⑤同时用水箱中的温度计测记水温，从而求得水的运动黏度。

注意：

a. 每调节阀门一次，均需等待稳定几分钟；

b. 关小阀门过程中，只许渐小，不许开大；

c. 随出水流量减小，应适当调小开关（右旋），以减小溢流量引发的扰动。

（4）测定上临界雷诺数。

逐渐开启调节阀，使管中水流由层流过渡到紊流，当有色水线刚开始散开时，即为上临界状态，测定临界雷诺数 1～2 次。

五、实验数据

（1）记录、计算有关常数。

管径 $d =$ _____ cm；

水温 $t =$ _____ ℃；

运动黏度 $\nu = \dfrac{0.01775 \times 10^{-4}}{1 + 0.0337t + 0.000221t^2} =$ _____ m^2/s；

计算常数 $K =$ _____ s/m^3。

（2）实验数据记录及计算结果如表 3-3 所示。

表 3-3　实验数据记录及计算结果

次序	有色水线形态	流量 Q（cm^3/s）	计算雷诺数 Re	阀门开度增↑或减↓	显示雷诺数 Re
1					
2					
3					
4					
5					
6					
7					
下临界雷诺数平均值					

六、实验分析与思考

（1）流态判据为何采用无量纲参数，而不采用临界流速？

（2）为何认为上临界雷诺数无实际意义，而采用下临界雷诺数作为层流与紊流的判据？

（3）实测下临界雷诺数与公认值偏离多少？原因何在？

（4）为什么测定下临界雷诺数时在调小流量过程中不能反调？

实验 3.3　不可压缩流体恒定流能量方程实验

一、实验目的

（1）验证流体恒定总流的能量方程。

（2）通过实验分析研讨，进一步掌握管内流动的能量转换特性。

（3）掌握流速、流量、压强等参数的实验量测技能。

二、实验原理

在实验管路中沿管内水流方向取 n 个过水断面。可以列出进口断面 1 至另一断面 i（$i=2$，3，……，n）的能量方程式。

$$Z_1+\frac{p_1}{\rho g}+\frac{a_1 v_1^2}{2g}=Z_i+\frac{p_i}{\rho g}+\frac{a_i v_i^2}{2g}+hw_{i-1} \tag{3-10}$$

式中：

z 为被测点在基准面以上的位置高度，m；

p 为被测点的静水压强，用相对压强表示，Pa；

ρ 为液体的密度，kg/m³；

g 为重力加速度，m/s²；

v 为断面平均流速，m/s；

a_1，……，a_i 为动能修正系数；

hw_{i-1} 为从断面 i 到断面 1 之间的总流水头损失，m。

取 $a_1=a_2=\cdots\cdots a_n=1$，选好基准面，从已设置的各断面的测压管中读出 $Z+\frac{p}{\rho g}$ 值，测出通过管路的流量，即可计算断面平均流速 v 及 $\frac{\alpha v^2}{2g}$，从而即可得到各断面测管水头和总水头。

说明：本仪器测压管有以下两种。

a. 毕托管（Pitot-tube）测压管（表 3-4 中带 * 的测压管），用以测读毕托管探头对准点的总水头 H' [$\left(H'=Z+\frac{p}{\rho g}+\frac{u^2}{2g}\right)$ 须注意一般情况下 H' 与断面总水头 $H\left(H=Z+\frac{p}{\rho g}+\frac{v^2}{2g}\right)$ 不同（因一般 $u\neq v$，其中 u 为管道中心截面流速；v 为断面平均流速）]，它的水头线只能定性表示总水头变化趋势。

b. 普通测压管（表 3-4 中未标 * 者），用以定量量测测压管水头。

表 3-4 管径记录表

测点编号	1*	2 3	4	5	6* 7	8* 9	10 11	12* 13	14* 15	16* 17	18* 19
管径/cm											
两点间距/cm		4	4	6	6	4	13.5	6	10	29	16	16

注：（1）测点 6、7 所在端面内径为 D_2，测点 16、17 为 D_3，余均为 D_1；

（2）标 * 者为毕托管测点（测点编号见图 3-6）。

（3）测点 2、3 为直管均匀流段同一断面上的两个测压点，10、11 为弯管非均匀流段同一断面上的两个测点。

三、实验装置

本实验的装置如图 3-5 所示。

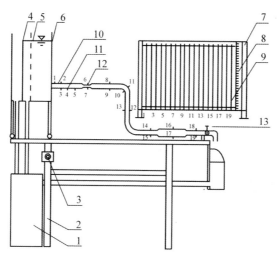

1. 自循环供水器；2. 实验台；3. 可控硅无级调速器；4. 溢流板；5. 稳水孔板；
6. 恒压水箱；7. 测压计；8. 滑动测量尺；9. 测压管；10. 实验管道；
11. 测压点；12. 毕托管；13. 实验流量调节阀。

图 3-5 自循环伯努利方程（Bernoulli'sequation）实验装置图

四、实验步骤

（1）熟悉实验设备，分清哪些测管是普通测压管，哪些是毕托管测压管，以及两者功能的区别。

（2）打开开关供水，使水箱充水，待水箱溢流，检查调节阀关闭后所有测压管水面是否齐平。如不平则需要查明故障原因（例如连通管受阻、漏气或夹气泡等）并加以排除，直至调平。

（3）打开实验流量调节阀 13，观察并思考以下问题。

①测压管水头线和总水头线的变化趋势。

②位置水头、压强水头之间的相互关系。

③测点 2、3 测管水头是否相同？为什么？

④观察测点 6、7 测压管水头高度差 h_0，代表哪项能量形式？

⑤观察测点 8、9 测压管水头高度差 h_1，比较 h_0 与 h_1，h_0 与 h_1 之差所代表的能量水头到测点 8、9 位置转化为何种能量？

⑥观察测点 2、7 水头高度差，7、9 水头高度差，有何差别，为什么？

⑦测点 9 与 13 测压管水头高度变化，势能转化为什么能量？测点 13 与 15 现象同上。

⑧测点 12、13 测管水头是否不同？为什么？

⑨当流量增加或减少时，测管水头如何变化？

（4）调节阀 13 开度，待流量稳定后，测记各测压管液面读数，同时测记实验流量（毕托管供演示用，不必测记读数）。

（5）改变流量 2 次，重复上述测量。其中一次阀门开度大到使 19 号测管液面接近标尺零点。

五、实验数据

（1）记录有关常数。

均匀段 $D_1 =$ _____ cm；缩管段 $D_2 =$ _____ cm；扩管段 $D_3 =$ _____ cm。

水箱液面高程 $Z_0 =$ _____ cm；上管道轴线高程 $Z_z =$ _____ cm。

（2）量测 $\left(Z + \dfrac{p}{\rho g} \right)$ 并记入表 3-5。

表 3-5 测量并记录 $\left(Z + \dfrac{p}{\rho g} \right)$ 的数值表（基准面选在标尺的零点上）

单位：cm

测点编号		2	3	4	5	7	9	10	11	13	15	17	19	Q (cm^3/s)
实验次序	1													
	2													
	3													

（3）计算流速水头和总水头，如表 3-6、3-7 所示。

表 3-6　计算流速水头　　　　　　　　　　　单位：cm

管径 d (cm)	Q=＿＿＿＿（cm³/s）			Q=＿＿＿＿（cm³/s）			Q=＿＿＿＿（cm³/s）		
	A (cm²)	v (cm/s)	v²/200g (cm)	A (cm²)	v (cm/s)	v²/200g (cm)	A (cm²)	v (cm/s)	v²/200g (cm)

表 3-7　计算总水头　　　　　　　　　　　单位：cm

测点编号		2	3	4	5	7	9	10	11	13	15	17	19	Q（cm³/s）
实验次序	1													
	2													
	3													

（4）绘制上述成果中最大流量下的总水头线 E－E 和测压管水头线 P－P（轴向尺寸参见图 3-6，总水头线和测压管水头线可以绘在图 3-6 上）。

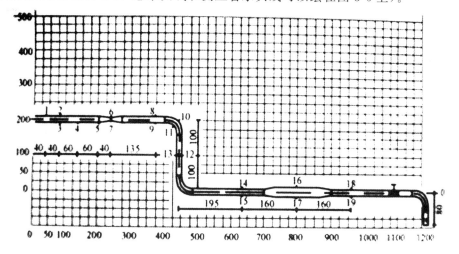

图 3-6　总水头线和测压管水头线沿流动方向的变化

提示：

a. P－P 线依表 3-5 数据绘制，其中测点 10、11、13 数据不用；

b. E－E 线依表 3-7 数据绘制，其中测点 10、11 数据不用；

c. 等直径管段 E－E 与 P－P 线平行。

六、实验分析与思考

（1）测压管水头线和总水头线的变化趋势有何不同？为什么？

（2）流量增加，测压管水头线有何变化？为什么？

（3）测点 2、3 和测点 10、11 的测压管读数分别说明了什么问题？

（4）毕托管所显示的总水头线与实测绘制的总水头线一般都略有差异，试分析其原因。

实验 3.4　不可压缩流体恒定流动量定律实验

一、实验目的

（1）验证不可压缩流体恒定流的动量定律。

（2）通过对动量与流速、流量、出射角度、动量距等因素间相关性的分析研讨，进一步掌握流体动力学的动量守恒定理。

（3）了解活塞式动量定律实验仪原理构造，进一步启发与培养创造性思维的能力。

二、实验原理

恒定总流量方程如下。

$$\vec{F} = \rho Q (\beta_2 \vec{v_2} - \beta_1 \vec{v_1}) \tag{3-11}$$

取脱离体如图 3 所示，因滑动摩擦阻力水平分力 $F_f < 0.5\% F_x$，可忽略不计，故 x 方向的动量方程化为

$$F_x = -p_c A = -\rho g h_c \frac{\pi}{4} D^2 = \rho Q (0 - \beta_1 v_{1x}) \tag{3-12}$$

即

$$\beta_1 \rho Q v_{1x} - \rho g h_c \frac{\pi}{4} D^2 = 0 \tag{3-13}$$

式中：

h_c 为作用在活塞圆心处的水深，m；

D 为活塞的直径，m；

Q 为射流流量，m^3/s；

v_{1x} 为射流的速度，m/s；

β_1 为动量修正系数。

在实验中，在平衡状态下，只要测得流量 Q 和活塞圆心水深 h_c，由给定的管嘴直径 d 和活塞直径 D，代入上式，便可算出射流的动量修正系数 β_1 值，并验证动量定律。其中，测压管的标尺零点已固定在活塞的圆心处，因此液面标尺读数，即为作用在活塞圆心处的水深。

带翼片的平板在射流作用下获得力矩，因该平板（图 3-7）垂直于 x 轴，作用在轴心上的力矩 T，是由射流冲击平板时，沿 yz 平面通过翼片造成动量

矩的差所致。即有下式。

$$T = \rho Q v_{yz2} cos\alpha_2 \cdot r_2 - \rho Q v_{yz1} cos\alpha_1 \cdot r_1 = \rho Q v_{yz2} cos\alpha_2 \cdot r_2 \quad (3\text{-}14)$$

式中：

Q 为射流的流量，m^3/s；

v_{yz1} 为入流速度在 yz 平面上的分速，m/s；

v_{yz2} 为出流速度在 yz 平面上的分速，m/s；

α_1 为入流速度与圆周切线方向的夹角，接近 $90°$；

α_2 为出流速度与圆周切线方向的夹角；

r_1 为内圆半径，m；

r_2 为外圆半径，m。

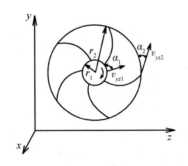

图 3-7　带翼片的平板

该式表明力矩 T 恒与 x 方向垂直，动量矩仅与 yz 平面上的流速分量有关。也就是说平板上附加翼片后，尽管在射流作用下可获得力矩，但并不会产生 x 方向的附加力，也不会影响 x 方向的流速分量。所以 x 方向的动量方程与平板上设不设翼片无关。

三、实验装置

本实验的装置如图 3-8 所示。

自循环供水器 1 由离心式水泵和蓄水箱组合而成。水泵的开启、流量大小的调节均由可控硅无级调速器 10 控制。水流经供水管供给恒压水箱 4，溢流水经回水管流回蓄水箱。流经管嘴 7 的水流形成射流，冲击带活塞和翼片的抗冲平板 8，并以与入射角成 90°的方向离开抗冲平板。抗冲平板在射流冲力和带活塞的测压管 6 中的水压力作用下处于平衡状态。活塞圆心水深 h_c 可由带活塞的测压管 6 测得，由此可求得射流的冲力，即动量力 F。冲击后的弃水经集水箱 5 汇集后，再经上回水管 9 流出，最后经漏斗和下回水管流回蓄水箱。

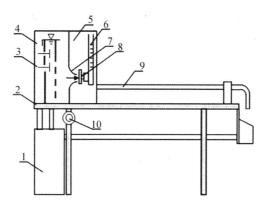

1. 自循环供水器；2. 实验台；3. 水位调节阀；4. 恒压水箱；5. 集水箱；6. 带活塞的测压管；
7. 管嘴；8. 带活塞和翼片的抗冲平板；9. 上回水管；10. 可控硅无级调速器。

图 3-8　动量定律实验装置图

为了自动调节测压管内的水位，以使带活塞的平板受力平衡并减小摩擦阻力对活塞的影响，本实验装置应用了自动控制的反馈原理和动摩擦减阻技术，其构造如图 3-9 所示，该图是活塞退出活塞套时的分部件示意图。活塞中心设有一细导水管 1，进口端位于平板中心，出口端伸出活塞头部，出口方向与轴向垂直。在平板上设有翼片 2，活塞套上设有窄槽 3。

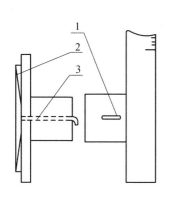

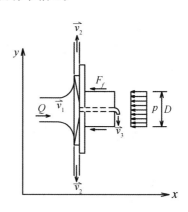

1. 细导水管；2. 翼片；3. 窄槽。　　**图 3-10　活塞射流冲击示意图**
图 3-9　带活塞和翼片的测压抗冲平板结构图

在工作时，在射流冲击力作用下，水流经导水管 1 向测压管内加水。当射流冲击力大于测压管内水柱对活塞的压力时，活塞内移，窄槽 3 关小，水流外溢减少，使测压管内水位升高，水压力增大。反之，活塞外移，窄槽开大，水流外溢增多，测管内水位降低，水压力减小。在恒定射流冲击下，经短时段的自动调整，即可达到射流冲击力和水压力的平衡状态。这时活塞处在半进半出、窄槽部分开启的位子上，过 1 流进测压管的水量和经过 3 外溢的水量相等。由于平板上设有翼片 2，在水流冲击下，平板带动活塞旋转，因而克服了活塞在沿轴向滑移时的静摩擦力。

为验证本装置的灵敏度，只要在实验中的恒定流受力平衡状态下，人为地增减测压管中的液位高度，可发现即使改变量不足总液柱高度的 ±5‰（约 0.5~1 mm），活塞在旋转下亦能有效地克服动摩擦力而做轴向位移，开大或减小窄槽 3，使过高的水位降低或过低的水位提高，恢复到原来的平衡状态。这表明该装置的灵敏度高达 0.5‰，亦即活塞轴向动摩擦力不足总动量力的 5‰。

四、实验步骤

（1）准备。熟悉实验装置各部分名称、结构特征、作用性能，记录有关常数。

（2）开启水泵。打开调速器开关，调至较大流量。

（3）调整测压管位置。待恒压水箱满顶溢流后，松开测压管固定螺丝，调整方位，要求测压管垂直、螺丝对准十字中心，使活塞转动松快。然后旋转螺丝固定好。

（4）测读水位。标尺的零点已固定在活塞圆心的高度上。当测压管内液面稳定后，记下测压管内液面的标尺读数，即 h_c 值。

（5）测量流量。用电测仪测量，在仪器量程范围内。均需重复测三次再取均值.

（6）改变水头重复实验。逐次打开不同高度上的溢水孔盖，改变管嘴的作用水头。调节速器，使溢流量适中（注：流量不能过小，要保证活塞处于转动松快状态），待水头稳定后，按 3~5 步骤重复进行实验。

（7）实验结束后，关闭调速器开关、流量计电源等。

五、实验数据

（1）记录有关常数。

实验装置台号 No，管嘴内径 $d =$ _____ cm；活塞直径 $D =$ _____ cm。

（2）设计实验参数记录、计算表（如表 3-8 所示），并填入实测数据。

表 3-8 实验参数记录、计算表

次序	管嘴作用水头 H_0/cm	活塞作用水头 h_c/cm	流量 $Q/$ （cm^3/s）	流速 $v/$ （m/s）	动量力 F/N	动量修正系数 β_1	动量修正系数平均值
1							
2							
3							

六、实验分析与思考

（1）实测 $\overline{\beta}$（平均动量修正系数）与公认值（$\beta=1.02\sim1.05$）符合与否？如不符合，试分析原因。

（2）带翼片的平板在射流作用下获得力矩，这对分析射流冲击无翼片的平板沿 x 方向的动量方程有所影响。为什么？

（3）若通过细导管的分流，其出流角度与 v_2 相同，对以上受力分析有无影响？

（4）滑动摩擦力 f_x 为什么可以忽略不计？试用实验来分析验证 f_x 的大小，记录观察结果。（提示：平衡时，向测压管内加入或取出 1 mm 左右深的水量，观察活塞及液位的变化。）

（5）v_{2x} 若不为零，会给实验结果带来什么影响？试结合实验步骤（7）的结果予以说明。

实验 3.5　沿程水头损失实验

一、实验目的

（1）加深了解圆管层流和紊流的沿程损失随平均流速变化的规律，绘制 $\lg h_f \sim \lg v$ 曲线。

（2）掌握管道沿程阻力系数的量测技术和应用气体压差计、水压差计、电子量测仪（简称电测仪）测量压差的方法。

（3）将测得的 $Re \sim \lambda$ 关系值与莫迪图对比，分析其合理性，进一步提高实验成果分析能力。

二、实验原理

达西公式如下。

$$h_f = \lambda \frac{L}{d} \frac{v^2}{2g} \tag{3-15}$$

由式（3-15）可得下式。

$$\lambda = \frac{2gdh_f}{L} \cdot \frac{1}{v^2} = \frac{2gdh_f}{L} \left(\frac{\pi}{4} d^2 / Q \right)^2 = k \frac{h_f}{Q^2} \tag{3-16}$$

$$k = \pi^2 g d^5 / 8L$$

另由能量方程对水平等直径圆管可得下式。

$$h_f = \frac{p_1 - p_2}{\rho g} \tag{3-17}$$

压差可用压差计或电测仪测得。

上述式中：

h_f 为沿程水头损失，m；

λ 为沿程损失系数；

v 为液体在管道中的平均流速，m/s；

L 为管道长度，m；

d 为管道内径，m；

ρ 为水的密度，kg/m³；

g 为重力加速度，m/s²；

p 为被测点的静水压强，用相对压强表示，Pa。

三、实验装置

本实验的装置如图 3-11 所示。

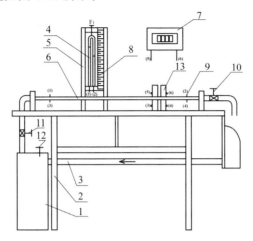

1. 自循环高压恒定全自动供水器；2. 实验台；3. 回水管；4. 水压差计；5. 测压计；
6. 实验管道；7. 水银压差计；8. 滑动测量尺；9. 测压点；10. 实验流量调节阀；
11. 供水管及供水阀；12. 旁通管及旁通阀；13. 调压筒。

图 3-11　自循环沿程水头损失实验装置图

根据压差测法不同，有以下两种形式。

形式 1：压差计测压差。低压差用水压差计测量，高压差用水银多管式压差计测量。装置简图如图 3-11 所示。

形式 2：电子量测仪测压差。低压差仍用水压差计测量，而高压差用电子量测仪量测。与形式 1 比较，该形式唯一不同在于水银多管式压差计被电测仪（图 3-12）所取代。

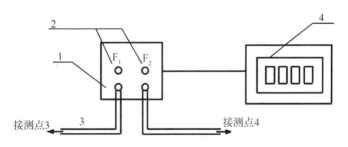

1. 压力传感器；2. 排气旋钮；3. 连通管；4. 主机。

图 3-12　电子量测仪结构示意图

本实验装置如下。

(一) 自动水泵和稳压器

自循环高压恒定全自动供水器由离心泵、自动压力开关、气-水压力罐式稳压器等组成。压力超高时能自动停机，过低时能自动开机。为避免由水泵直接向实验管道供水造成的压力波动等影响，离心泵的输水是先进入稳压器的压力罐，经稳压后再送向实验管道。

(二) 旁通管与旁通阀

由于本实验装置所采用水泵的特性，在供应小流量时有可能时开时停，因此供水压力有较大波动。为了避免这种情况出现，供水器设有与蓄水箱直通的旁通管（图 3-11 中未标出），通过分流可使水泵持续稳定运行。旁通管中设有调节分流量至蓄水箱的阀门，即旁通阀，实验流量随旁通阀开度减少（分流量减少）而增大。实际上旁通阀又是本装置用以调节流量的重要阀门之一。

(三) 稳压筒

为了简化排气，并防止实验中再进气，在传感器前连接 2 只充水（不满顶）之密封立筒。

(四) 电测仪

由压力传感器和主机两部分组成，经由连通管将其接入测点（图 3-12）。压差读数（以厘米水柱为单位）通过主机显示。

四、实验步骤

(一) 实验准备

(1) 对照装置图和说明，搞清各组成部件的名称、作用及其工作原理；检查蓄水箱水位是否够高及旁通阀 12 是否已关闭。否则予以补水并关闭阀门；记录有关实验常数：工作管内径 d 和实验管长 L（标志于水箱）。

(2) 启动水泵。本供水装置采取的是自动水泵，接通电源，全开旁通阀 12，打开供水阀 11，水泵自动开启供水。

(3) 调通量测系统。

①层流状态。

a. 夹紧水压计止水夹，打开实验流量调节阀 10 和供水阀 11（逆时针方向），关闭旁通阀 12（顺时针方向），启动水泵排除管道中的气体。

b. 全开旁通阀 12，关闭实验流量调节阀 10，松开水压计止水夹，并旋松水压计之旋塞 F_1，排除水压计中的气体。随后，关供水阀 11，开实验流量调节阀 10，使水压计的液面降至标尺零指示附近，旋紧 F_1。再次开启供水阀 11 并立即关闭实验流量调节阀 10，稍候片刻检查水压计是否齐平，如不平则需重调。

②紊流状态。

a. 夹紧水压计止水夹，打开实验流量调节阀 10 和供水阀 11（逆时针方向），关闭旁通阀 12（顺时针方向），启动水泵排除管道中的气体。

b. 关供水阀 11，开实验流量调节阀 10，旋开电测仪排气旋钮，对电测仪的连接水管通水、排气，并将电测仪调至"000"显示。

（二）实验量测

(1) 调节流量。在旁通阀 12、供水阀 11 全开的前提下，逐次开大实验流量调节阀 10，每次调节流量时，均需稳定 2～3 min，流量愈小，稳定时间愈长；测流时间 8～10 s；要求变更流量不少于 10 次。测流量的同时，需测记水压计（或电测计）、温度计（温度表应挂在水箱中）等读数。

层流段：应在水压计 $\Delta h = 20$ 毫米水柱（夏季）$[\Delta h = 30$ 毫米水柱（冬季）$]$ 量程范围内，每次增量可取 $\Delta h = 46$ mm，测记 3～5 组数据。

紊流段：夹紧水压计止水夹，开大流量，用电测仪记录 h_f 值，每次增量可按 $\Delta h = 100$ 毫米水柱递加，直至测出最大的 h_f 值。阀的操作次序是当供水阀 11、实验流量调节阀 10 开至最大后，逐渐关旁通阀 12，直至 h_f 显示最大值。

(2) 在结束实验前，应全开旁通阀 12，关闭实验流量调节阀 10，检查水压计与电测仪是否指示为零，若均为零，则关闭供水阀 11，切断电源。否则，表明压力计已进气，需重做实验。

五、实验数据

(1) 记录有关常数。

圆管直径 $d = $ _____ cm；测量段长度 $L = $ ___85___ cm。

（2）记录及计算（见表 3-9）

表 3-9　记录及计算表

常数 $k = \pi^2 g d^5 / 8L = $ _____ cm^5/s^2

次序	流量 $Q/$（cm^3/s）	流速 $v/$（cm/s）	水温/℃	黏度 ν	雷诺数 Re	比压计、电测仪读数 h/cm	沿程损失 h_f/cm	沿程损失系数 λ	$Re<2320$ $\lambda = \dfrac{64}{Re}$
1									
2									
3									
4									
5									
6									
7									
8									
9									
10									
11									
12									

3. 绘图分析：绘制 $\lg v \sim \lg h_f$ 曲线，并确定指数关系值 m 的大小。在厘米纸上以 $\lg v$ 为横坐标，以 $\lg h_f$ 为纵坐标，点绘所测的 $\lg v \sim \lg h_f$ 关系曲线，根据具体情况连成一段或几段直线。求厘米纸上直线的斜率。

$$m = \frac{\lg h_{f2} \sim \lg h_{f1}}{\lg v_2 \sim \lg v_1}$$

将从图上求得的 m 值与已知各流区的 m 值（层流 $m=1$，光滑管区 $m=1.75$，粗糙管流区 $m=2.0$，紊流过渡区 $1.75<m<2.0$）进行比较，确定流区。

六、实验分析与思考

（1）为什么压差计的水柱差就是沿程水头损失？如实验管道安装成倾斜，

是否影响实验结果?

（2）据实测 m 值判别本实验的流区。

（3）在实际工程中，钢管中的流动大多为光滑紊流或紊流过渡区，而水电站泄洪洞的流动大多为紊流阻力平方区，其原因何在?

（4）管道的当量粗糙程度如何测得?

（5）本次实验结果与莫迪图吻合与否? 试分析其原因。

实验 3.6　局部水头损失实验

一、实验目的

（1）掌握三点法、四点法测量局部阻力系数的技能。

（2）通过对圆管突扩局部阻力系数的表达公式和突缩局部阻力系数的经验公式的实验验证与分析，熟悉用理论分析法和经验法建立函数式的途径。

（3）加深对局部阻力损失机理的理解。

二、实验原理

写出局部阻力前后两端面的能量方程，根据推导公式条件，扣除沿程水头损失可得图 3-13。

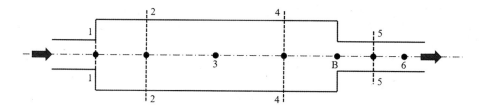

图 3-13　管道截面示意图

（一）突然扩大

采用三点法计算，下式中 h_{f1-2} 由 h_{f2-3} 按流长比例换算得出。

实测如下。

对图 3-13 中的 1—1 截面和 2—2 截面列伯努利方程，可得如下式子。

$$h_{je} = \left[\left(Z_1 + \frac{p_1}{\gamma} \right) + \frac{\alpha v_1^2}{2g} \right] - \left[\left(Z_2 + \frac{p_2}{\gamma} \right) + \frac{\alpha v_2^2}{2g} + h_{f1-2} \right] = E'_1 - E'_2$$

$$\zeta_e = h_{je} / \frac{\alpha v_1^2}{2g} \tag{3-18}$$

理论如下。

$$u_x = 0.99u_0 \tag{3-19}$$

$$h_{je}' = \zeta_e' \frac{\alpha v_1^2}{2g} \tag{3-20}$$

(二) 突然缩小

采用四点法计算，下式中 B 点为突缩点，h_{f4-B} 由 h_{f3-4} 换算得出，h_{fB-5} 由 h_{f5-6} 换算得出。

实测如下。

对图 3-13 中的 4－4 截面和 5－5 截面列伯努利方程，可得如下式子。

$$h_{js} = \left[\left(Z_4 + \frac{p_4}{\gamma}\right) + \frac{\alpha v_4^2}{2g} - h_{f4-B}\right] - \left[\left(Z_5 + \frac{p_5}{\gamma}\right) + \frac{\alpha v_5^2}{2g} + h_{fB-5}\right] = E'_1 - E'_2$$

$$\zeta_s = h_{js} / \frac{\alpha v_5^2}{2g} \tag{3-21}$$

经验如下。

$$h_{js}' = \zeta_s' \frac{\alpha v_5^2}{2g}$$

$$\zeta_s' = 0.5\left(1 - \frac{A_5}{A_3}\right) \tag{3'22}$$

上述式中：

h_j 为局部阻力损失，m；

z 为被测点在基准面以上的位置高度，m；

p 为被测点的静水压强，用相对压强表示，Pa；

g 为重力加速度，m/s²；

a 为动能修正系数；

h_f 为沿程水头损失，m；

v 为液体在管道中的平均流速，m/s；

E 为断面上单位重流体所具有的总机械能，m；

ζ 为局部阻力系数；

A 为断面面积。

三、实验装置

本实验装置如图 3-14 所示。

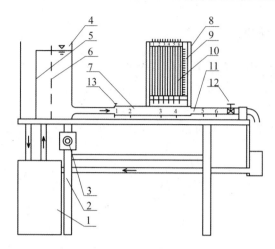

1. 自循环供水器；2. 实验台；3. 可控硅无级调速器；4. 恒压水箱；5. 溢流板；
6. 稳水孔板；7. 突然扩大实验管段；8. 测压计；9. 滑动测量尺；10. 测压管；
11. 突然收缩实验管段；12. 实验流量调节阀；13. 上气阀。

图 3-14 局部水头损失实验装置简图

实验管道由小→大→小三种已知管径的管道组成，共设有六个测压孔，测孔 1～3 和 3～6 分别用以测量突扩和突缩的局部阻力系数。其中测孔 1 位于突扩界面处，用以测量小管出口端压强值。

四、实验步骤

（1）测记实验有关常数。

（2）打开电子调速器开关，使恒压水箱充水，排除实验管道中的滞留气体。待水箱溢流后，检查泄水阀全关时，各测压管液面是否平齐，若不平齐，则需排气调平。

（3）打开泄水阀至最大开度，待流量稳定后，测记测压管读数，同时用体积法或电测法测记流量。

（4）改变泄水阀开度 3～4 次，分别测记测压管读数及流量。

（5）实验完成后关闭泄水阀，检查测压管液面是否平齐。不平齐，需重新做。

五、实验数据

（1）记录、计算有关常数。

$d_1 = D_1 =$ _____ cm；$d_2 = d_3 = d_4 = D_2 =$ _____ cm；$d_5 = d_6 = D_3$

= _____ cm。

$l_{1-2}=12$ cm；$l_{2-3}=24$ cm；$l_{3-4}=12$ cm；$l_{4-B}=6$ cm；$l_{B-5}=6$ cm；$l_{5-6}=6$ cm。

$$u_x=0.99u_0=\underline{\qquad}；\quad \zeta_s{}'=0.5\left(1-\frac{A_5}{A_3}\right)=\underline{\qquad}。$$

（2）整理记录、计算表。

（3）将实测ζ值与理论值（突扩）或公认值（突缩）比较。

表 3-10　数据记录表

次序	流量 $Q/(\text{cm}^3/\text{s})$	测压管读数/cm					
		1	2	3	4	5	6
1							
2							
3							

表 3-11　数据计算表

阻力形式	次序	流量 $Q/(\text{cm}^3/\text{s})$	前端面		后端面		实测局部阻力 h_j/cm	实测局部阻力系数 ζ	理论局部阻力 h'_j/cm
			$\alpha v^2/200g/\text{cm}$	E'_1/cm	$\alpha v^2/200g/\text{cm}$	E'_2/cm			
突然扩大	1								
	2								
	3								
突然缩小	1								
	2								
	3								

六、实验分析与思考

（1）结合实验成果，分析比较突扩与突缩在相应条件下的局部损失大小关系。

（2）结合流动仪演示的水力现象，分析局部阻力损失机理。产生突扩与突缩局部阻力损失的主要部位在哪里？怎样减小局部阻力损失？

（3）现备有一段长度及连接方式与调节阀（图 3-13）相同、内径与实验管道相同的直管段，如何用两点法测量阀门的局部阻力系数？

（4）实验测得突缩管在不同管径比时的局部阻力系数（$Re > 10^5$）如表 3-13 所示。

表 3-12　实验测得突缩管在不同管径比时的局部阻力系数

序号	1	2	3	4	5
d_2/d_1	0.2	0.4	0.6	0.8	1.0
ζ	0.48	0.42	0.32	0.18	0

试用最小二乘法建立局部阻力系数的经验公式。

（5）试说明用理论分析法和经验法建立相关物理量间函数关系式的途径。

实验 3.7　平板边界层实验

一、实验目的

（1）测定平板某一断面的流速分布，确定边界层厚度 δ。
（2）比较层流边界层及紊流边界层的速度分布的差别。
（3）掌握毕托管和微压计的测速原理和测量技术。

二、实验原理

当气流流经平板表面时，黏性作用使紧贴平板表面处的流速为零，在平板表面的法线方向随着到平板表面的距离的增加，流体速度逐渐增加，最后达到相当于无黏时的气流速度。对于平板来说，就等于来流流速（u_0）。由于空气黏性很小，只要来流速度不是很小，流速变化大的区域只局限在靠近板面很薄的一层气流内，这一薄层称为边界层。边界层和外部势流之间没有一个明显的分界线（或分界面），通常人为地约定，自板面起，沿着它的法线方向，至达到 99% 无黏时的速度处的距离，称为边界层厚度 δ，如图 3-15 所示。

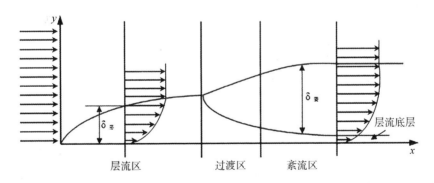

图 3-15　流体绕平板表面流动边界层示意图

在不可压流场中，每一点处的总压 P_{0i}，等于该点处的静压和动压之和。

$$P_{0i}=P_i+\frac{1}{2}\rho_{空}u_i^2 \tag{3-23}$$

则

$$u_i=\sqrt{\frac{2(P_{0i}-P_i)}{\rho_{空}}} \tag{3-24}$$

因此只需测出边界层内各点处的静压 P_i、总压 P_{0i}，就可以计算出各点的流速。但考虑到垂直平板方向的静压梯度等于零（$\frac{\partial P}{\partial y}=0$），我们只需在平板垂直方向开一静压孔，所测的静压就等于该点所在的平板法线方向上各点的静压。利用倾斜式微压计测出各点压差，根据式（3-24），边界层内各点处的速度如下。

$$u_i = \Phi \sqrt{\frac{2\,\rho_{酒精}\,g\,\Delta l\,\phi}{\rho_{空}}} \tag{3-25}$$

通常边界层内的速度分布用无量纲的形式表示。

$$\frac{u_i}{u_0} = f\left(\frac{y_i}{\delta}\right) \tag{3-26}$$

根据式（3-26），求出各 y_i 点的 $\frac{u_i}{u_0}$ 值后，用线性插值求出 $\frac{u_i}{u_0}=0.99$ 处所对应的 y 值，即为边界层厚度 δ。

另由图 3-15 可知，气流绕平直的光滑板流动时，边界层沿流动方向逐渐增厚，开始时流动是层流，经过一段距离之后，层流变为紊流，两者之间存在一个过渡区。层流边界层的速度分布接近于抛物线规律，而紊流边界层的速度分布为指数曲线规律，在壁面具有更大的速度梯度，两种流速分布差别较明显。表示这个转变的特征参数就是临界雷诺数 Re_c（$3\times10^5 \sim 3\times10^6$）。

空气沿平板流动的雷诺数的定义如下。

$$Re = \frac{u_0 x}{\nu} \tag{3-27}$$

理论上关于边界层的几种厚度的计算公式如下。

（1）层流边界层：层流边界层厚度可根据布拉休斯（H•Biasius）关于层流边界层微分方程的理论解得。

$$d = 5.48x\,Re_x^{-\frac{1}{2}} \tag{3-28}$$

（2）紊流边界层：紊流边界层的厚度尚无完全的理论解。根据大量实验资料得到，当沿光滑壁面平板紊流边界层的流速分布可表示成指数形式 $u_i/u_0 = (y_i/d)^{\frac{1}{7}}$ 时，（当 $Re_x = 10^5 - 10^8$，指数 $1/n = 1/5 - 1/8$，若取 $n = 7$，可以推导出紊流边界层厚度的计算公式。

$$d = 0.37x\,Re_x^{-\frac{1}{5}} \tag{3-29}$$

上述式中：

P_{0i} 为各测点总压，Pa；

P_i 为各测点静压，Pa；

u_i 为各测点速度，m/s；

u_0 为来流速度，m/s；

x 为从平板前缘点算起的平板长度，m；

y_i 为各测点距平板距离，m；

ν 为空气的运动黏度，m^2/s；

d 为理论边界层厚度，m；

Φ 为毕托管修正系数，取 1；

$\rho_{酒精}$ 为酒精密度，kg/m^3；

$\rho_{空}$ 为空气密度，kg/m^3；

Δl 为倾斜微压计液柱长度变化，m；

ϕ 为微压计的倾斜因子。

三、实验装置

实验在空气动力学多功能实验台上进行，该实验台主体是一个开口低速风洞，它包括风机、稳压箱、收缩段与实验段等。由风机提供风源，用调节阀来调节风量；所需风量经风道送入稳压箱，稳压箱下接收缩段，在出口可接各种实验段。经过整流的气体以匀速进入边界层实验段，在实验段轴心安装一块实验平板，平板可沿轴线上下移动，以便选择不同的测量断面。在实验段出口装一根孔口直径很小的小型毕托管，毕托管连在千分尺上，用以调节和测量毕托管的横向位置。当毕托管刚接触实验平板时，定为测量断面的起始点。毕托管与斜管微压计相连，测量流速。实验装置如图 3-16 所示。

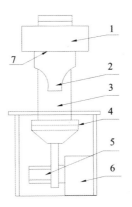

1. 稳压箱；2. 收缩段；3. 风道；4. 调节阀门；5. 通风机；6. 吸音箱；7. 阻尼网。

图 3-16　空气动力学实验装置图

四、实验步骤

（1）①取下桌面上盖。②将带平板的试件插入收敛口并固定。③调平倾斜式微压计，确定斜管的倾斜位置，测层流边界层时，斜管可置于系数 0.3 处；测紊流边界层时，斜管可置于系数 0.6 处。

（2）确定实验板长度，拧紧实验板的固定螺丝。

（3）顺时针转动千分卡尺，使毕托管靠近实验板，当快接触实验平板时，一定要慢旋以防碰伤毕托管；当毕托管刚接触平板时，指示灯发亮，应立即停止旋转。

（4）接通通风机电源，开启进气调节阀门，测层流时阀门应开得很小；测紊流时则阀门全开。当气流稳定后，记录亮灯时倾斜式微压计读数；起始时毕托管距实验板约为 0 mm，当第一个测点测完后，逆时针旋转千分卡尺以改变测点位置，测点间距为 0.5mm，一直测到外部势流区域内，需测 10 个点左右。每次应记录下测点位置 y 和斜管微压计读数 Δl。当移动千分卡尺而压力计读数不再继续变化时，表明测点已达到外部势流区域；在外部势流区内可测 3 个点，以取平均值作为边界层外的势流流速 u_0。

（5）为了测定平板边界层厚度随平板长度 x 的变化规律，可移动实验板的位置，使毕托管位于不同的 x 值处，以测出不同断面的 δ 值，并与理论近似计算公式相比较。

（6）测量大气压和空气的温度，并记录有关常数值。实验完毕，断电停机。

五、实验数据

（1）记录有关常数。

空气温度 $t =$ _____ ℃；大气压强 P_b _____ Pa。

（2）将测试数据记录填入表 3-13 和表 3-14 中。

（3）计算 u_i/u_0，在方格纸上绘制以 y_i/δ 为纵坐标、以 u_i/u_0 为横坐标的关系图。

（4）确定各断面实际边界层厚度，绘出沿平板的边界层发展曲线。

六、实验分析与思考

（1）实验测试的边界层厚度与理论公式计算出的边界层厚度有无差异？说明原因。

（2）为什么测量速度的分布时只测物面静压而不需测沿法线上各点的

静压？

（3）根据绘制的层流边界层与紊流边界层速度分布曲线图，结合所学知识比较层流边界层与紊流边界层速度分布的差别。

表 3-13　平板实验长度 $x_1=$ _____ m，微压计倾斜因子 $\phi=$ _____

实验序号（i）	总压管与板面距离 y_i/mm	Δl/毫米酒精柱	u_i/（m/s）	u_0/（m/s）	u_i/u_0	雷诺数 Re	实际边界层厚度 δ/mm	理论边界层厚度 d/mm
1								
2								
3								
4								
5								
6								
7								
8								
9								
10								
11								
12								
13								
14								
15								

表 3-14　平板实验长度 $x_2 =$ _____ m，微压计倾斜因子 $\phi =$ _____

实验序号（i）	总压管与板面距离 y_i/mm	Δl /毫米酒精柱	u_i / (m/s)	u_0 / (m/s)	u_i/u_0	雷诺数 /Re	实际边界层厚度 δ/mm	理论边界层厚度 d/mm
1								
2								
3								
4								
5								
6								
7								
8								
9								
10								
11								
12								
13								
14								
15								

实验 3.8　圆柱绕流阻力实验

一、实验目的

（1）了解理想流体圆柱绕流及实际流体圆柱绕流分布规律。

（2）掌握圆柱体表面压强分布的测量方法。

（3）通过实验测量实际流体圆柱绕流压强分布规律及阻力系数。

二、实验原理

（一）理想流体圆柱绕流

绕流阻力为流体绕物体流动而作用于物体上的阻力，由摩擦阻力和压强阻力组成。其中压强阻力主要取决于物体的形状，因此也称为形状阻力或压差阻力，对圆柱绕流来说，摩擦阻力相对于压强阻力要小很多，可忽略不计。

圆柱体表面的速度分布规律如下。

$$u_r = 0 \tag{3-30}$$

$$u_\theta = -2u_\infty \sin\theta \tag{3-31}$$

而圆柱体表面上任一点的压力 p，可由伯努利方程得出。

$$\frac{p}{\gamma} + \frac{u_0^2}{2g} = \frac{p_\infty}{\gamma} + \frac{u_\infty^2}{2g} \tag{3-32}$$

式中：

p_∞ 为无限远处流体的压力，Pa；

u_∞ 为无限远处流体的流速，m/s。

工程上习惯用无量纲的压力系数来表示流体作用在物体上任意一点的压力，由以上公式可得到绕圆柱体流动的理论压力系数。

$$c_p = \frac{p - p_\infty}{\frac{1}{2}\rho u_\infty^2} = 1 - 4\sin^2\theta \tag{3-33}$$

（二）实际流体圆柱绕流

（1）实际流体压力系数。

由于实际流体具有黏性，当达到某一雷诺数后，在圆柱体后面便产生涡流形成尾流区从而破坏了前后压力分布的对称，形成了压差阻力。实际的压力系数可按上式由实测得到，其中 $\frac{1}{2}\rho u_\infty^2$ 为来流动压，可按下式求得。

$$\frac{1}{2}\rho u_\infty^2 = (p_0 - p_\infty) = g(h_0 - h_\infty) \tag{3-34}$$

式中：

h_0 为来流总压头，m；

h_∞ 为来流静压头，m；

g 为重力加速度，m/s^2。

圆柱体表面任意一点压力与来流压力之差如下。

$$p - p_0 = 9.81(h - h_\infty) \tag{3-35}$$

式中：h 为圆柱体表面任一点处总水头，m。

压力系数如下。

$$c_p = \frac{p - p_\infty}{\frac{1}{2}\rho u_\infty^2} = \frac{9.81(h - h_\infty)}{9.81(h_0 - h_\infty)} = \frac{h - h_\infty}{h_0 - h_\infty} \tag{3-36}$$

（2）实际流体雷诺数。

因为流动是低速的，所以可认为流体是不可压缩的，即流体的密度为常数，实验是在风洞内做的，流动是均匀定常的。实验条件下的雷诺数如下。

$$R_e = \frac{u_\infty d}{v} \tag{3-37}$$

式中：

d 为圆柱体直径，m；

v 为流体运动黏度，m^2/s。

（3）实际流体阻力系数。

实际流体绕圆柱流动时，由于黏性的影响，压强分布前后不对称；特别是当流动达到一定雷诺数后，黏性边界层在圆柱后部发生分离，形成漩涡。从分离点开始，圆柱体后部的压强大致接近分离点压强，不能恢复到前部的压强，破坏了前后压强分布的对称性，形成压差阻力 F_D。由于圆柱表面的摩擦阻力相对于压差阻力小很多，可忽略不计，阻力系数可表示为如下公式。

$$C_D = \frac{F_D}{1/2\,\rho u^2 A} = \int_0^{2\pi} C_p \cos\theta d\theta \tag{3-38}$$

式中：

F_D 为压差阻力，N；

C_D 为阻力系数；

A 为迎风特征面积，m^2。

1985 年，*И. Е.* 伊杰里奇克（*И. Е. Идельunk*）通过试验得出了在均匀来流条件下，光滑圆柱体阻力系数 C_D 与雷诺数 Re 有很大关系。

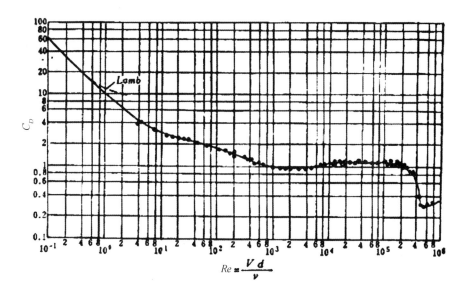

图 3-17　阻力系数与雷诺数关系曲线图

三、实验装置

实验在多功能气流试验台上进行。实验用圆柱体一端固定在实验段壁面上，另一端固定在实验段另一壁面带指示的轴孔上，可以旋转 $360°$；在可转动圆柱体上设有一个测压孔，通过软管接出与测压计相连；当转动圆柱时，可通过指示和角度盘表示其转角，这样转动圆柱可以通过测压孔量测出整个圆柱体表面的压强分布。实验测量段简图如图 3-18 所示。

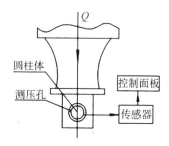

图 3-18　圆柱绕流阻力测定（压力分布法）实验装置简图

四、实验步骤

（1）取下桌面上盖，将圆柱体试件插入收敛口并固定。调平斜管微压计，调平测压计的水平泡，确定斜管的倾斜位置，并根据量程的大小调好测压管内液面的高，将收缩段及圆柱体上测孔的测压管连到测压计上。

（2）慢慢开启调节阀到所需位置。将圆柱的刻线转到角度盘的0°角，测出此点的压强 p，再转动圆柱到5°角，测出此点的压强 p；继续测出绕圆柱一周的各点压强。测点的间隔在前半部可用5°角，后半部则用10°角。

（3）在实验过程中测定温度和大气压。

（4）实验完毕，断电停机。

五、实验数据

记录实验数据，计算亚临界情况下的 u_∞ 和 Re，并用实测数据计算出的 c_p 值列入数据表（表3-15）中。

室温 $t=$ _____ ℃；大气压力 $p_b=$ _____ Pa；圆柱体直径 $D=$ _____ m；
实验段宽 $b=$ _____ m；空气运动黏度 $\nu=$ _____ m^2/s；
来流总压 $h_0=$ _____ 毫米水柱；来流静压 $h_\infty=$ _____ 毫米水柱。

$$\rho=\frac{p_b}{287\times(273.15+t)}(kg/m^3)$$

$$u_\infty=\sqrt{\frac{2\times9.81}{\rho}(h_0-h_\infty)}(m/s)$$

表3-15 数据表

$\theta/°$	$h-h_\infty$	c_p	$\theta/°$	$h-h_\infty$	c_p
0			100		
10			110		
20			120		
30			130		
40			140		
50			150		
60			160		
70			170		
80			180		
90					

六、实验分析与思考

（1）实验测得圆柱绕流阻力分布情况与理论分布情况是否一致？

（2）圆柱绕流阻力分布情况与哪些因素有关？

实验 3.9 空化机理实验

一、实验目的

本实验用以演示空化发生原理、典型工程空化现象、流道体型对空化的影响及初生空穴数的定量量测等。了解空化现象的危害及应用。

二、实验原理

在液体流动的局部地区，或由于流速过高，或边界层分离，均会导致压强降低，以至于降低到液流内部出现气体（或蒸汽）空泡或空穴，这种现象称为空化（也叫气穴）。本实验装置利用水流通过图 3-19 所示各种缩放流道产生高速流体，在缩放流道喉口附近产生空化现象。

三、实验装置

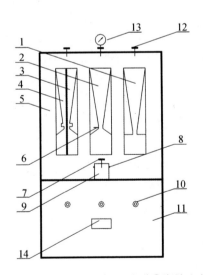

1. 流道①文氏型空化显示面；2. 流道②渐缩空化显示面；
3. 流道③矩形闸门槽空化显示面；4. 流道④流线型闸门槽空化流动显示面；
5. 流道显示柜；6. 测压点；7. 连接短管；8. 管嘴；9. 空化杯；
10. 阀门①、②、③；11. 自循环供水箱；12. 气塞；13. 真空表；14. 标牌。

图 3-19 空化机量实验仪示意图

四、实验步骤

（一）试验

从显示柜中引出电源的插头有两个：一为照明灯光电源线；二为泵的动力线（使用方法详见水泵说明书）。须注意：脱离水体作潜水泵实验时，通电不得超过 3~5 s。

（二）连接软管

显示管下方共有 9 只管嘴。除 3 只（红色标志）用以连接泵的进水管外，其余 6 只连接出水软管。连接应注意扎紧接口，并将各出水管接上导流软管，出口低于水面，使之形成淹没出流。

（三）整体组装

将上述组合件与自循环水箱组装合成图 3-19。组装前，应卸下阀门把手，组装后，再将显示柜与供水箱两侧面衔接处用螺丝加以固定，然后再装回阀门把手。

（四）装真空表和空化杯

按图 3-19 装真空表，再接上真空表的连通管，并连接管嘴 8（沸腾空化实验用）与测点 6 的管嘴。（注意：真空表的连通管应接在连接短管 7 的两端，只有在进行空化杯空化实验时才按此连接。）

（五）充水

充水前，须对水箱进行清洗，特别要注意的是水箱内决不允许有固体颗粒物存在。向供水箱注入 40 kg 的清洁水。全开 3 个阀门，接通电源，即可进行实验。实验时注意：由于泵的供水压力较大，不允许在两阀全关（或接近全关）而另一阀全开（或接近全开）的情况下运行，以防止水压过高损坏流道。

（六）排水

实验结束，打开气塞 12，将流道内水放空，防止流道内结垢。学期结束，将水箱内水放空，并清洗水箱。

（七）静电的消除

实验仪器布置在较潮湿的环境（如大楼底层或地下室等处），易引起静电，高时甚至在 100 V 以上，其消除方法是直接在水泵泵壳外接一地线引出。

五、实验现象与分析

空化现象发生以后，由于其空穴里不是液体而是气体，因此破坏了液流连续性的前提，空化区的压强变化不再服从一般的能量定律。空化可造成很多危害性后果，如引起空化区附近的固体边界的剥蚀破坏（称作空蚀或气蚀）、噪声污染、结构振动、机械效率降低等，早已引起工程界的高度重视。反之，空化现象也有它可利用的一面，如根据空化特性可设计节流装置等。因而空化领域已扩展到造船、水机、水工建筑、原子能、水下武器、航空、采掘、润滑、生物及医学等部门。

完成并观察以下实验现象。

（一） 空化现象的演示

在流道①、②、③、④的三个阀门全开的条件下启动水泵，可看到在流道①、②的喉部和流道③的闸门槽处出现乳白色雾状空化云，这就是空化现象，同时还可听到由空化区发生的空化噪声。空化区的负压（或真空）相当大，其真空度可由真空表（与流道②的喉颈处测压点相连）读出。最大真空可达 10 m水柱（98 kPa）以上。

空化按其形态可分游移型、边界分离型和旋涡型等三种。

在流道①、②喉颈中部所形成的带游移状空化云，为游移型空化；在喉道出口处两边形成的附着于转角两边较稳定的空化云，为附体空化；而发生于流道③中闸门槽（凹口内）旋涡区的空化云，则为旋涡型空化。根据仪器显示的空化区域分析可知，容易发生空化的部位是：高速液流边界突变的流动分离处，如水利工程中的深孔进口、溢流坝面、闸门槽、分叉管、施工不平整处及动力机械中的水轮机、涡轮机、水泵和螺旋桨叶片的背面，以及鱼雷的尾部等。

（二） 空化机理

流动液体（以水为例）在标准大气压下，当温度升到 100 ℃，沸腾时水体内所产生大小不一的气泡，就是空化。相应的，此温度（100 ℃）的水的蒸汽压强（标准大气压）被称为汽化压强（p_v），这种现象亦可在水温不高、压强较低时发生。

本仪器可清晰演示此现象的发生。先向空化杯 9 中注入半杯温水（水温40 ℃左右），压紧橡皮塞盖，然后与管嘴 8（杯两侧各 1 只）接通。在喉管负压作用下，空化杯内的空气被吸出。真空表读数随之增大。当真空度接近－10米水柱时，杯中水就开始沸腾。这是常温水在低压下发生空化的现象。改变杯中水温，汽化压强（p_v）也各不相同。不同水温的 p_v 值如表 3-16 所列。

表 3-16　水的汽化压强

水温/℃	100	90	80	70	60	50
汽化压强 p_v/kPa	101.33	70.10	47.34	31.16	19.92	12.16
pv/γ/米水柱	10.33	7.15	4.83	3.18	2.03	1.24
水温/℃	40	30	20	10	5	0
汽化压强 p_v/kPa	7.38	4.24	2.34	1.18	0.88	0.59
p_v/γ/米水柱	0.75	0.43	0.24	0.12	0.09	0.06

空化形成的原因，可用"气核理论"说明。该理论认为，常压下的普通水里总含有气体，这些气体以肉眼察觉不到的微核状态存于水体。这种微核称作气核，直径 $10^{-5} \sim 10^{-6}$ cm。当压强降到一定程度时，气核就膨胀、积聚组成空泡。可用实验验证气核的存在。启动实验仪，使之出现空化云，注意观测流经空化区的水体。在空化区前不见水中气核，而流经空化区后，则可见水中出现许多小气泡。这些气泡就是水体流经空化区时，由其所挟带的气核积聚而成。

从以上观察分析可知，气核的存在是形成空化的基础，负压的出现是产生空化的条件。故而，空化杯 9 中的温水不能用冷开水或蒸馏水等，而应当用新鲜自来水，并在每次实验前更换新水，以保证空化沸腾时的显示效果。

（三）空穴数的量测

工程上，常以下列无量纲参数 σ 作为衡量实际水流是否发生空化的指标：

$$\sigma = \frac{p_0 - p_v}{pu_0^2/2} = \frac{(p_0 - p_v)/\gamma}{u_0^2/2g} \tag{3-39}$$

式中：

p_0、u_0 分别为测点上游未受扰动的压强（绝对）和流速；

p_v 为液体的汽化压强。

当流道某处 σ 低至某值 σ_0 时开始发生空化（σ_0 称为初生空穴数或临界空穴数）。σ_0 随边界条件而异。

本仪器可测定 σ_0，其量测方法以流道②为例进行说明。

先在停机时接长流道②软管，使之可将出水口移至箱外，以便量测流量。

然后，全关阀①、②、③，启动水泵，渐开流道②阀门（切记不要全开或接近全开），真空表读数随之增大，同时表针摆动加剧（表明脉压增强），当真空增至一定值时，喉道开始出现时隐时现的空泡，这就是初生空化。初生空化亦可借助空化发出的噪声加以判别，空化初生时可听到气泡爆裂发出的细小噪声。

量得初生空化时的有关物理量就可计得 σ_0，包括流道②的下泄流量 Q_0 及喉道真空表读数 p_0（相对压强）。

例，本仪器流道②喉部过水断面面积 $A' = 0.6 \text{ cm} \times 0.4 \text{ cm}$，侧收缩系数 $\varepsilon = 0.95$，实际过流面积 $A = 0.228 \text{ cm}^2$，实测 $Q_0 = 335 \text{ cm}^3/\text{s}$，$p_0/\gamma = -6.73 \text{ m}$ 及其水温 29 ℃（$p_v/\gamma = 0.408$ 米水柱），于是有下面计算式。

$$\sigma_0 = \frac{(p_0 + p_a + p_v)}{(Q/A)^2/2g} = \frac{3.192 \times 100}{1101} \approx 0.3$$

即实测临界空穴数为 0.3。本仪器流道②实际最大真空度可达 10 米水柱，流速高达 18.8 m/s。在 3 个阀门全开时，测得最小空穴数可达 $\sigma_{min} = -0.004$。因 $\sigma_{min} \ll \sigma_0$，故产生强烈空化。

初生空穴数测量结束后，当即关机，然后将 3 个阀全开。

（四）流道体型对空化的影响

流道体型对空化的影响可从流道①与流道②的空化对比看出。在阀门开关相同的条件下，流道①的空化比流道②的严重。这表明前者初生空化数大于后者。

这也可从两种体型闸槽的空化看出，流道③、④分别设有矩形槽和下游具有斜坡的流线型槽。实验表明，在同等流量条件下，前者空化程度大于后者空化程序。正如国内对门槽所做空蚀实验研究表明的那样，矩形槽的初生空穴数 $\sigma_{c1} = 2.0$，而下游 1：2 边坡的流线型门槽，其初生空穴数 $\sigma_{c2} = 0.6$。流线型门槽前流速即使高达 25 m/s，断面压强水头 30 m 时，仍能防止空蚀破坏（参清华大学出版社《水力学》，上册，例 3.3）。

由此可知，流道体型对空化影响极大，是引发空化的重要条件之一。在高速流条件下，有时溢流坝面残留的钢筋头就可造成坝面大面积的空蚀破坏。因此，为防止空化发生，应使坝面尽量光滑平整，流道体型尽量流线型化。

（五）空化管节流装置原理的演示

应指出的是，空化不仅有有害的一面，亦具有可利用的一面。空化管节流装置就是有利的一例。液体火箭发动机的液体燃料供应，要求不受大气压波动的影响。换言之，火箭即使在太空中，其背压比地面低于一个大气压的情况下，仍要求燃料供应量保持不变。为此，在火箭发动机输液管中设有一种文氏空化管的节流装置，用以实现恒定量供给燃料的要求。本仪器可演示此工作原理。方法如下。在 3 个阀门全开时，测出两种尾水位下流道②的出流量：一是抬高尾水位（尾压增高），以空化云不消退为限（例实测得 426 cm^3/s）；二是降低尾水位（尾压降低）落差 1 m，再测出流量（例实测得 430 cm^3/s）。两者几乎相等。这表明尾压变化不影响空化管过流能力。其原因在于：文氏管喉部产生了高度空化，压强接近绝对真空。空化破坏了液流的连续性，能量方程在此已不适用。这时，即使尾部背压再降低，喉部压强也不可能再降（因已接近绝对真空）。因而，此时喉道过流量完全取决于喉道前压强（供压）。若供压恒定，即使尾压有变，流量仍恒定。

空化管在其他领域亦有广泛的应用。例如，制冷液体在压缩机驱动下高速流过文氏管时，因压力骤降而发生空化，由液态变为气态。液体汽化时需从周围吸取大量热能，从而达到制冷效果。之后，压缩机再把气体压缩成液体，并释放出大量热，通过散热片排至大气，从而完成了热量交换。

实验 3.10 水击综合实验

一、实验目的

（1）观察水击波传播现象。

（2）掌握水击压强的量测。

（3）观察水击扬水现象，并了解水击扬水原理。

（4）了解利用调压筒（井）消除水击危害的工作原理。

二、实验原理

启动水击发生阀，必须先向下推开，并使过水系统中的空气全部排出（打开调压筒截止阀可排出空气）。然后松手，水击发生阀就会自动地往复上下运动，时开时闭而发生水击。

三、实验装置

本实验仪由恒压水箱、供水管、调压筒、水击室、压力室、气压表、水击扬水机出水管、水击发生阀、水泵、可控硅无级调速器及集水箱等组成。其装置如图 3-20 所示。

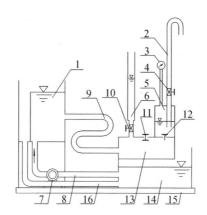

1. 恒压水箱；2. 水击扬水机出水管；3. 气压表；4. 扬水机截止阀；5. 压力室；
6. 调压筒；7. 泵；8. 水泵吸水管；9. 供水管；10. 调压筒截止阀；
11. 水击发生阀；12. 逆止阀；13. 水击室；14. 集水箱；15. 底座；16. 回水管。

图 3-20 结构示意图

四、实验步骤

（1）通电试验：放水前插上市电 220 V 电源，顺时针旋转调速器旋钮，水泵启动，检查运转及调速是否正常。

（2）放水试验：水质最好为去离子水或蒸馏水，加水量以使集水箱中的水位与水击室的底面平齐为宜。然后启动水泵，检查各部分工作是否正常。应无漏水、漏气现象发生。

（3）启动水击发生阀：启动水有发生阀 11，必须先向下推开，并使过水系统中的空气全部排出（打开调压筒截止阀可排出空气）。然后松手，水击发生阀 11 就会自动地往复上下运动，时开时闭而发生水击。

（4）量测水击压强：量测时，应全关调压筒截止阀 10 和扬水机截止 4，且应关紧不漏水。

（5）水击扬水实验：应全开阀扬水机截止 4，全关阀调压筒截止 10。

（6）调压筒实验：应全关阀扬水机截止 4，全开阀调压筒截止 10。

（7）流量调节：可通过调控可控硅无级调速器旋钮，改变流量大小。

（8）其他注意事项：若供水管、压力室或调压筒截止阀 10 下部调压筒中的滞留空气未排净，或水质不洁等而导致逆止阀漏水，或集水箱水位偏低，都有可能使水击压强达不到额定值。此时应按前述步骤重新运作，或更换工作水、增加集水箱水量。

五、实验现象与分析

（一）水击的产生和传播

水泵 7 能把集水箱 14 中的水送入恒压供水箱 1 中，恒压供水箱 1 内设有溢流板和回水管，能使水箱中的水位保持恒定。工作水流自恒压供水箱 1 经供水管 9 和水击室 13，再通过水击发生阀 11 的阀孔流出，回到集水箱 14。

实验时，先全关阀调压筒截止 10 和扬水机截止阀 4，触发起动水击发生阀 11。当水流通过水击发生阀 11 时，水的冲击力使水击发生阀 11 上移关闭而快速截止水流，因而在供水管 9 的末端首先产生最大的水击升压，并使水击室 13 同时承受到这一水击压强。水击升压以水击波的形式迅速沿着压力管道向上游传播，到达进口以后，由进口反射回来一个减压波，使供水管 9 末端和水击室 13 内发生负的水击压强。

本实验仪能通过水击发生阀 11 和逆止阀 12 的动作过程观察到水击波的来回传播变化现象。即水击发生阀 11 关闭，产生水击升压，使逆止阀 12 克服压力室 5 的压力而瞬时开启，水也随即注入压力室内，并可看到气压表 3 随着产生压力波动。然后，在进口传来的负水击作用下，水击室 13 的压强低于压力室 5 的压强，使逆止阀 12 关闭，同时，负水击又使水击发生阀 11 下移而开启。这一动作过程既能观察到水击波的传播变化现象，又能使本实验仪保持往复的自动工作状态，即当水击发生阀 11 再次开启后，水流又经阀孔流出，回复到初始工作状态。这样周而复始，水击发生阀 11 不断地开启、关闭，水击现象也就不断地重复发生。

（二） 水击压强的定量观测

水击可在极短的时间内产生很大的压强，尤如重锤锤击管道一般，甚至可能对管道造成破坏。由于水击的作用时间短、升压大，通常需用复杂而昂贵的电测系统作瞬态测量，而本仪器用简便的方法可直接地量测出水击升压值。此法的测压系统是由逆止阀 12、压力室 5 和气压表 3 组成。水击发生阀 11 开一次或闭一次都产生一次水击升压，由于作用水头、管道特性和阀的开度均相同，故每次水击升压值相同。水击波每次往返，都将向压力室 5 注入一定水量，因而压力室内的压力随着水量的增加而不断累加，一直到其值达到与最大水击压强相等时，逆止阀 12 才打不开，水流也不再注入压力室 5，压力室内的压力也就不再增高。这时，可从连接于压力空腔的气压表 3 测量压力室 5 中的压强，此压强即为水击发生阀 11 关闭时产生的最大水击压强，这一测量原理可用一个日常生活中的例子来加深理解：用气筒每次以 0.3 MPa 的压强向轮胎内打气，显然，只有反复多次地打，轮胎内的压强方可达到且只能达到 0.3 MPa。

本实验仪的工作水头为 25 厘米水柱左右，气压表显示的水击压强值在 300 毫米汞柱（408 毫米水柱）以上，即 16 倍以上的工作水头。这表明水击有可能使工程破坏。

（三） 水击的利用——水击扬水原理

水击扬水机由图 3-20 中的 1、9、11、12、13、5、4、2 等部件组成。水击发生阀 11 关闭一次，在水击室 13 内就产生一次水击升压，逆止阀 12 随之被瞬时开启，部分高压水被注入压力室 5，当扬水机截止阀 4 开启时，压力室的水便经水击扬水机出水管 2 流向高处。由于水击发生阀 11 不断运作，水击连续多次发生，水流亦一次一次地不断注入压力室，因而压力室内的水便源源不断地升到高处。这正是水击扬水机的工作原理，本仪器扬水高度为 37 cm，即超过恒压供水箱的液面 1.5 倍的作用水头。

水击扬水虽然能使水流从低处流向高处，但它仍然遵循能量守恒规律。扬水提升的水量仅仅是流过供水管的一部分，另一部分水量通过水击发生阀 11 的阀孔流出了水击室。正是这后一部分水量把自身具有的势能（其值等于供水箱液面到水击发生阀 11 出口处的高差），以动量传输的方式提供给了扬水机，使扬水机扬水。由于水击的升压可达几十倍的作用水头，因此若提高扬水机的出水管 2 的高度，水击扬水机的扬程也可相应提高，但出水量会随着高度的增加而减小。

（四）水击危害的消除——调压筒（井）工作原理

如上所述，水击有可利用的一面，但更多的是对工程的危害。例如水击有可能使输水管爆裂。为了消除水击的危害，常在阀门附近设置减压阀或调压筒（井）、气压室等设施。本仪器设有由调压筒截止阀 10 和调压筒 6 组成的水击消减装置。

实验时全关扬水机截止阀 4、全开调压筒截止阀 10。然后手动控制水击发生阀 11 的开与闭。由气压表 3 可见，此时，水击升压最大值约为 120 毫米汞柱，其值仅为调压筒截止阀 10 关闭时的峰值的 1/3。同时，该装置还能演示调压系统中的水位波动现象。当水击发生阀 11 开启时，调压筒中水位低于供水箱水位（以下称库水位），而当水击发生阀 11 突然关闭时，调压筒中的水位很快涌高且超过库水位，并出现和竖立 U 形水管中水体摆动现象性质相同的振荡，上下波动的幅度逐次衰减，直至静止。

调压系统中的非恒定流和水击的消减作用，在实验中可作如下说明。

设了调压筒，在水击发生阀 11 全开下的恒定流时，调压筒中维持于库水位固定自由水面。当水击发生阀 11 突然关闭时，供水管 9 中的水流因惯性作用继续向下流动，流入调压筒，使其水位上升，一直上升到高出库水位的某一最大高度后才停止。这时管内流速为零，流动处于暂时停止状态，由于调压筒水位高于库水位，故水体作反向流动，从调压筒流向水库。又由于惯性作用，调压筒中水位逐渐下降，至低于库水位，直到反向流速等于零为止。此后供水管中的水流又开始流向调压筒，调压筒中水位再次回升。这样，伴随着供水管中水流的往返运动，调压筒中水位也不断上下波动，这种波动由于供水管和调压筒的阻尼作用而逐渐衰减，最后调压筒水位稳定在正常水位。

设置调压筒之后，在过流量急剧改变时仍有水击发生，但调压筒的设置建立了一个边界条件，在相当大程度上限制或完全制止了水击向上游传播。同时水击波的传播距离因设置调压筒而大为缩短，这样既能避免直接水击的发生，又加快了减压波返回，因而使水击压强峰值大为降低，这就是利用调压筒消减水击危害的原理。

实验 3.11   紊动机理实验

一、实验目的

演示层流、波动的形成与发展，波动转变为旋涡紊动的全过程，实验分析紊动机理。

二、实验原理

流体在管道中流动，产生两种不同的流态，即层流和紊流。研究表明：流体流动处于不同的流态时，其流速分布和流动方向具有较大的差异，因而呈现出不同的流动阻力。

（一）层流

管道中流动的流体，当其流动 Re 较小而不超过其临界值时，支配流动的主要因素是黏性力。管内流体质点受到这种黏性力的作用，只可能沿运动方向减速或加速，而不会偏离其原来的运动方向，各流体质点不发生各向混杂，流动呈现规则的有秩序的成层流动，这就是层流。如图 3-21 （a）所示。

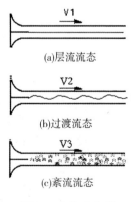

(a)层流流态

(b)过渡流态

(c)紊流流态

图 3-21   流态分类

（二）紊流

当管道中流体流动 *Re* 增大甚至超过其临界值时，惯性力逐渐取代黏性力而成为支配流动的主要因素。沿流动方向的黏性力对质点的束缚作用降低，质点向其他方向运动的自由度增大，因而容易偏离其原来的运动方向，形成无规则的脉动混杂甚至产生可见尺度的涡旋，这就是紊流。如图 3-21（c）所示。

（三）介于层流与紊流之间的流态称为过渡流态，如图 3-21（b）所示

三、实验装置

本实验的装置如图 3-22 所示。

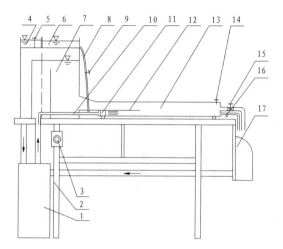

1. 自循环供水器；2. 实验台；3. 可控硅无级调速器；4. 消色用丙种溶液容；5. 调节阀；
6. 染色用甲种溶液容；7. 恒压水箱；8. 染色液输液管；9. 调节阀；10. 取水管；
11. 混合器；12. 上下层隔板；13. 剪切流道显示面；14. 排气阀；
15. 出水调节阀；16. 分流管与调节阀；17. 回水漏斗。

图 3-22　紊动机理实验仪结构示意图

工作流体由自循环供水器 1 分两路输出。一路经取水管 10 输入混合器 11，与染色液输液管 8 输出的甲种溶液混合后呈紫红色液体，经整流后从隔板 12 下侧流到流道 13。另一路由恒压水箱 7 稳流后，从隔板 12 的上侧流到流道。适度调节出水调节阀 15，使隔板上下两股不同流速的水流形成以其交界面为间断面的汇合流。

四、实验步骤

(一) 试验溶液配制

甲种溶液：取"甲种药品"（有标注）一包加入 1 kg 蒸馏水，不断搅拌使其充分溶解。将此甲溶液酌量倒入实验仪容器 6，所余溶液留作添加备用。（需关紧调节阀 9）。

乙种溶液：取乙种粉状药品一包放入烧杯，注入 50 ml 酒精，不断搅拌使其充分溶解（在寒季可稍加热加速溶解）。将此乙溶液分数次缓慢倒入实验仪的水箱 1，边倒边搅拌。

丙种溶液：配制 0.1% 浓度的稀盐酸 1 kg，酌量倒入实验仪容器 4，所余溶液留作备用。（需关紧调节阀 5）

(二) 供水排气

插上水泵电机电源、灯光电源。先关闭调节阀 5、调节阀 9、出水调节阀 15、调节阀 16，打开调速器，水泵即启动，此时水泵流量最大。调速器旋钮向顺时针方向转，则流量越小，先控制调速器在小流量供水，使水箱水位不高于恒压水箱 7 之中间隔板的顶高。此时仅由取水管 10 单独向流道 13 供水，使水体缓慢地充满下层流道，排除隔板下方滞留的气泡。如果一次操作不能排净气泡，则应反复操作。排净气泡后开大供水流量，并操作排气阀 14 与出水调节阀 15，排除流道上的气泡。

(三) 加注染色药水

调节调节阀 9，向混合器 11 加注甲种溶液，与水混合后即呈紫红色，勿使甲种溶液过量，使混合后红色鲜明即可。

(四) 紊动发生

按供水排气，按加注染色和消色溶液的要求进行开机操作，待水流稳定后开始紊动发生的实验。

（1）上下层界面呈平稳直线演示。

由于上下层流速相同，界面流速为零，因此界面清晰、平稳、呈一直线。操作要求：将调节阀 16 全开，下层红色水流从此流出。调节出水调节阀 15，使上层无色水流流速与下层流速相接近。目的是使上下层流速相近。若界面直线不稳，可适当减小下层流速 u_2，方法是减小调节阀 16 的开度，减小下层水流流速水头，并适当关小调节阀 15，使上下层流速相近。

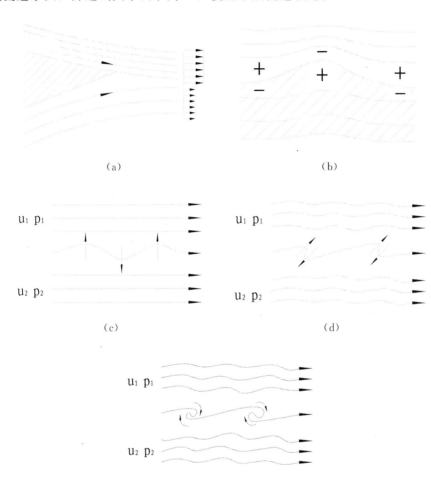

（a）

（b）

（c）

（d）

（e）

图 3-23 紊动发生示意图

（2）波动形成与发展演示。

调节调节阀 15，适当增大上层流速 u_1，界面处有明显的速度差，如图 3-23（a）所示，于是开始发生微小波动。继续增大调节阀 15 的开度，即逐渐增大上层流速，则波动演示更为明显，如图 3-23（b）所示。

（3）波动转变为旋涡紊动演示。

将调节阀 15 开到足够大时，波动失稳，波峰翻转，形成旋涡，界面消失，涡体的旋转运动使得上下层流体质点发生混掺，紊动发生。

（五）紊动机理分析

经隔板上下层流道流出的两股水流在隔板末端汇合，如图 3-23（a）所示。由于两股水流原来的流速不同，流速值在交界面处有一个跳跃变化，这种交界面称为间断面。流速越过间断面时有突变，其速度梯度为无穷大。根据牛顿内摩擦定律，间断面处的切应力也为无穷大，即有下式。

$$\tau = \mu \frac{\Delta u}{\Delta y} \tag{3-40}$$

若 $\Delta y \rightarrow 0$，则 $\tau \rightarrow \infty$，这是不可能的。实际上，间断面两侧水流将重新调整，交界面是不稳定的，对于偶然的波状扰动，交界面就会现出波动，如图 3-23（c）所示。在波峰处，上层流体过水断面变小，u_1 变大，根据伯努利方程，压强 p_1 减少；而下层流体则相反，由于过水断面增大而流速 u_2 变小，压强 p_2 增大。于是在波峰处产生下一个指向波峰方向的横向压力，使波峰为凸得更凸。在波谷处情况相反，上层压强 p_1 增大，而下层压强 p_2 减小，产生的横向压力使波谷下凹更低。这样整个流程凸段越凸，凹段越凹，波状起伏更加显著，如图 3-23（d）所示。最后使间断面破裂，翻滚而形成一个个旋涡，如图 3-23（e）所示。以上即是紊动形成的过程。涡体的运动使得上下层流体的质点发生混掺，形成紊流。在剪切流动中，即使没有间断面，但有横向流速梯度也会产生旋涡。如在雷诺实验中，当 Re 达到一定数值后，颜色水线开始抖动，质点发生混掺，这也是旋涡产生的一种情况。因此可以这样理解，产生波动和紊动现象的原因是水流中有横向的流速梯度存在，只有在流速梯度足够大时，波动的扰动状态才演变为旋涡发生的紊流状态。

流体的黏滞性对旋涡的产生、存在和发展具有决定性作用。旋涡发生后，涡体中旋转方向与水流同向的一侧速度较大，相反的一侧速度较小。由于流速大，压强小，因此涡体两侧存在一个压差，形成了作用于涡体的升力（或沉力），如图 3-23（e）所示。这个升力（或沉力）有使涡体脱离原来的流层而掺入邻近流层的趋势。由于流体的黏性对涡体的横向运动有抑制作用，只有当促使涡体横向运动的惯性力超过黏滞阻力时，才会产生涡体的混掺。表征惯性力与黏滞阻力的比值是雷诺数。雷诺数小到一定程序（低于临界雷诺数）时，由于黏滞阻力起主导作用，涡体就不能发展和移动，也就不会产生紊流，这就是雷诺数可以作为流动形态判数的原因。

旋涡在产生后是继续发展和增强，还是由于黏滞性的阻尼而衰减消失？这个问题称为层流的稳定性问题。旋涡随时间进程而逐渐衰减时，层流是稳定的。反之如果旋涡随时间而增强则层流不稳定，最后会发展为紊流。研究层流稳定性问题的目的在于找出各种不同边界中流体流动的临界雷诺数。

类似于圆管雷诺数 $Re = \dfrac{vd}{v}$，可求得方管的 Re'，公式如下。

$$Re' = \frac{Q}{2(b+h)v} \tag{3-41}$$

（六）异重流实验

异重流在工程中常常遇见，如火电厂冷却尾水排入河、海、水库时的温差异重流，河流入海口处河海淡水与盐水不同比重的异重流，污浊水注入清水河道时的异重流等。

本仪器经适当改变可用来研究异重流的稳定性。密度 $\Delta \rho$ 是异重流重要的特性参数。环境工程涉及的异重流的 $\dfrac{\Delta \rho}{\rho_2}$ 值通常为 $0.03 \sim 0.003$。实验时可在溶液中加入一定比例的食盐或白糖来提高下层流体的密度。

异重流界面稳定性问题是目前环境工程中研究较为活跃的一个方面。异重流界面失稳与异重流内部佛汝德数（Froude，Fr）Fr_2 有关。

$$Fr_2 = \frac{v_2}{\sqrt{(\Delta \rho / \rho_2) h_2 g}} \tag{3-42}$$

式中：

h_2 为下层流体深度；

ρ_2 为下层流体密度。

五、实验分析与思考

（1）流态判据为何采用无量纲参数，而不采用临界流速？

（2）试结合紊动机理实验的观察，分析由层流过渡到紊流的机理何在。

（3）分析层流和紊流在运动学特性和动力学特性方面各有何差异。

实验 3.12 壁持式自循环流动演示实验

一、实验目的

（1）观察各种几何边界变化条件下产生的旋涡现象，掌握旋涡产生的原因与条件。

（2）通过对各种边界下旋涡强弱的观察，分析比较局部损失的大小。

（3）观察绕流现象、分离点及卡门涡街现象。

二、实验原理

流经固体边界的水流，当达到一定雷诺数时，由于固体边界的形状和大小突然发生变化，在惯性的作用下，就会出现主流与边界分离，从而产生旋涡，如突然缩小、突然扩大、孔板等处。水流在这些突变的边界处形成局部水流阻力，损失较大能量。在旋涡范围内，水流常表现为高度紊乱并伴随剧烈摩擦、分裂和撞击，部分水流运动的连续性遭受破坏，出现明显的主流与固体边界脱离，从而产生大尺度旋涡。

水流绕物体（如闸墩、圆柱等）的流动称为绕流。在绕流中有两种阻力作用于物体上。一是摩擦阻力 τ，它是由于水流的黏滞性而产生的。二是形状阻力 p，它是由物体前后压差形成的。图 3-24 所示为圆柱绕流及圆头方尾闸墩绕流。由于绕流时边界层发生分离，在圆柱后面产生旋涡，并产生分离点，因此边界层分离点的位置随物体形状、表面粗糙度及流速大小而变。旋涡的产生使绕流物体后部压力小于前部压力，形成前后压差，增加了水流对物体的作用力。绕流阻力的大小用下式表示。

$$F_D = \frac{C_D A \rho g u_0^2}{2g} \tag{3-43}$$

式中：

C_D 为绕流阻力系数，是被绕流物体的形状和水流状况的函数，由实验测定；

A 为被绕流物体垂直水流方向的投影面积，m^2；

u_0 为水流受绕流影响以前的速度，m/s；

ρ 为水的密度，kg/m^3。

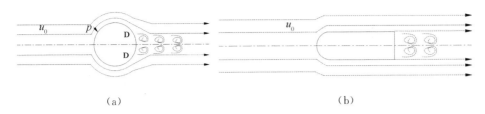

图 3-24 绕物体流动平面图

流动演示模拟上述几何边界，并采用有气泡示踪法。这样可以把流动中的流线、边界层分离现象及旋涡发生的区域和强弱等流动图像清晰地显示出来。

三、实验装置

(一) 结构

仪器组成如图 3-25 所示。

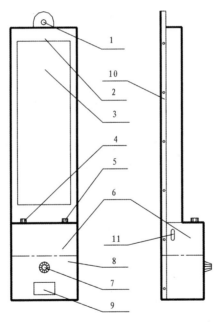

1. 挂孔；2. 彩色有机玻璃面罩；3. 不同边界的流动显示面；4. 加水孔孔盖；
5. 掺气量调节阀；6. 蓄水箱；7. 可控硅无级调速旋钮；8. 电器、水泵室；
9. 标牌；10. 铝合金框架后盖；11. 水位观测窗。

图 3-25 结构示意图

（二）各实验仪演示内容及实验指导提要

（1）ZL-1 型如图 3-26（a），用以显示逐渐扩散、逐渐收缩、突然扩大、突然收缩、壁面冲击、直角弯道等平面上的流动图像，模拟串联管道纵剖面流谱。

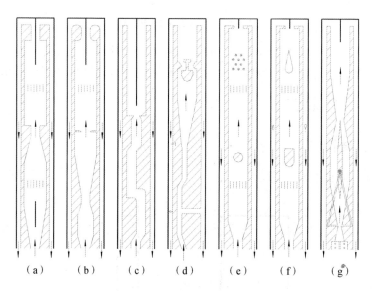

图 3-26　显示面过流道示意图

在逐渐扩散段可看到由边界层分离而形成的旋涡，且靠近上游喉颈处，流速越大，涡旋尺度越小，紊动强度越高；而在逐渐收缩段，无分离，流线均匀收缩，亦无旋涡，由此可知，逐渐扩散段局部水头损失大于逐渐收缩段。

在突然扩大段出现较大的旋涡区，而突然收缩只在死角处和收缩断面的进口附近出现较小的旋涡区。表明突扩段比突缩段有较大的局部水头损失（缩扩的直径比大于 0.7 时例外），而且突缩段的水头损失主要发生在突缩断面后部。

由于本仪器突缩段较短，故其流谱亦可视为直角进口管嘴的流动图像。在管嘴口附近，流线明显收缩，并有旋涡产生，使有效过流断面减小，流速增大。从而在收缩断面出现真空。

在直角弯道和壁面冲击段，也有多处旋涡区出现。尤其在弯道流中，流线弯曲更剧，越靠近弯道内侧，流速越小。且近内壁处出现明显的回流，所形成的回流范围较大，将此与 ZL-2 型中圆角转弯流动对比，直角弯道旋涡大，回流更加明显。

旋涡的大小和紊动强度与流速有关。这可通过流量调节观察对比，例如流量减小，渐扩段流速较小，其紊动强度也较小，这时可看到在整个扩散段有明显的单个大尺度涡旋。反之，当流量增大时，这种单个尺度涡旋随之破碎，并形成无数个小尺度的涡旋，且流速越高，紊动强度越大，则旋涡越小，可以看到，几乎每一个质点都在其附近激烈地旋转着。又如，在突扩段，也可看到旋涡尺度的变化。据此清楚表明：紊动强度越大，涡旋尺度越小，几乎每一个质点都在其附近激烈地旋转着。水质点间的内摩擦越厉害，水头损失就越大。

（2）ZL-2 型，如图 3-26（b），显示文丘里流量计、孔板流量计、圆弧进口管嘴流量计、壁面冲击及圆弧形弯道等串联流道纵剖面上的流动图像。

由显示可见，文丘里流量计的过流顺畅，流线顺直，无边界层分离和旋涡产生。在孔板前，流线逐渐收缩，汇集于孔板的孔口处，只在拐角处有小旋涡出现，孔板后的水流逐渐扩散，并在主流区的周围形成较大的旋涡区。由此可知，孔板流量计的过流阻力较大；圆弧进口管嘴流量计入流顺畅，管嘴过流段上无边界层分离和旋涡产生；在圆形弯道段，边界层分离的现象及分离点明显可见，与直角弯道比较，流线较顺畅，旋涡发生区域较小。

由上可了解三种流量计结构、优缺点及其用途。如孔板流量计结构简单，测量精度高，但水头损失很大。流量计损失大是缺点，但有时将其移作它用，例如工程上的孔板消能（详情下述）又是优点。另外从 ZL-1 型或 ZL-2 型的弯道水流观察分析可知，在急变流段，测压管水头不按静水压强的规律分布，其原因何在？这有两方面的影响：①离心惯性力的作用；②流速分布不均匀（外侧大、内侧小并产生回流）等原因所致。该演示仪所显示的现象还表征某些工程流程，如下面三例。

①板式有压隧道的泄洪消能：如黄河小浪底电站，其在有压隧洞中设置了五道孔板式消能工程，使泄洪的余能在隧洞中消耗，从而解决了泄洪洞出口缺乏消能条件时的工程问题。其消耗的机理、水流形态及水流和隧洞间的相互作用等，与孔板出流相似。

②圆弧形管嘴过流：进口流线顺畅，说明这种管嘴流量系数较大（最大可达 0.98），可将此与 ZL-1 型的直角管嘴对比观察，理解直角进口管嘴的流量系数较小（约为 0.82）的原因。

③喇叭形管道取水口：结合 ZL-1 型的演示可帮助学生了解喇叭形取水口的水头损失系数较小（0.05～0.25，而直角形的约为 0.5）的原因。这是由于喇叭形进口符合流线型的要求。

（3）ZL-3 型，如图 3-26（c），显示 30°弯头、直角圆弧弯头、直角弯头、45°弯头及非自由射流等流段纵剖面上的流动图像。

由显示可见，在每一转弯的后面，都因边界层分离而产生旋涡。转弯角度不同，旋涡大小、形状各异。在圆弧转弯段，流线较顺畅，该串联管道上还显示局部水头损失叠加影响的图谱。在非自由射流段，射流离开喷口后，不断卷吸周围的流体，形成射流的紊动扩散。在此流段上还可看到射流的"附壁效应"现象。（详细介绍见 ZL-7 型）。

综上所述，该仪器可演示的主要流动现象有下面三个。

①各种弯道和水头损失的关系。

②短管串联管道局部水头损失的叠加影响。这是计算短管局部水头损失时，各单个局部水头损失之和并不一定等于管道总局部水头损失的原因所在。

③非自由射流。据授课对象专业不同，可分别侧重于紊动扩散、旋涡形态或射流的附壁效应等。例如，对于水工、河港等专业的学生，可结合河道的冲淤问题加以解说。从该装置的一半看（以中间导流杆为界），若把导流杆当作一侧河岸，则主流沿河岸高速流动。由显示可见，该河岸受到水流的严重冲刷。而主流的外侧产生大速度回流，使另一侧河岸也受到局部淘刷。在喷嘴附近的回流死角处，因流速小、紊动度小而出现淤积。这些现象在天然河道里是常有的。又如，热工和化工等专业的学习，可侧重于紊动扩散和介质传输。暖通专业的学生则可侧重于通风口布置对紊掺均匀度的影响等。

（4）ZL-4 型，如图 3-26（d），显示 30°弯头、分流、合流、45°弯头、YF-溢流阀、闸阀及蝶阀等流段纵剖面上的流动图谱。其中 YF-溢流阀固定，为全开状态，蝶阀活动可调。

由显示可见，在转弯、分流、合流等过流段上，有不同形态的旋涡出现。合流旋涡较为典型，明显干扰主流，使主流受阻，这在工程上称之为"水塞"现象。为避免"水塞"，给排水技术要求合流时用 45°三通连接。闸阀半开，尾部旋涡区较大，水头损失也大。蝶阀全开时，过流顺畅，阻力小，半开时，尾涡紊动激烈，表明阻力大且易引起振动。蝶阀通常作检修用，故只允许全开或全关。YF-溢流阀结构和流态均较复杂，详如下所述。

YF-溢流阀广泛用于液压传动系统。其流动介质通常是油，阀门前后压差可高达 31.5 MPa，阀道处的流速每秒可高达二百多米。本装置流动介质是水，为了与实际阀门的流动相似（雷诺数相同），在阀门前加一减压分流，该装置能十分清晰地显示阀门前后的流动形态：高速流体经阀口喷出后，在阀芯的大反弧段发生边界层分离，出现一圈旋涡带；在射流和阀座的出口处，也产生一较大的旋涡环带。在阀后，尾迹区大而复杂，并有随机的卡门涡街产生。经阀芯芯部流过的小股流体也在尾迹区产生不规则的左右扰动。调节过流量，旋涡的形态基本不变，表明在相当大的雷诺数范围内，旋涡基本稳定。

由于旋涡带的存在，该阀门在工作中必然会产生较激烈的振动，尤其是阀芯反弧段上的旋涡带，影响更大，高速紊动流体的随机脉动可引起旋涡区真空度的脉动，这一脉动压力直接作用在阀芯上，引起阀芯的振动，而阀芯的振动又作用于流体的脉动和旋涡区的压力脉动，因而引起阀芯更激烈的振动。显然这是一个很重要的振源，而且这一旋涡环带还可能引起阀芯的空蚀破坏。另外，显示还表明，阀芯的受力情况也不太好。

利用该装置不但能获得十分满意的教学演示效果，而且还直接为改进阀门的性能提供了直视根据。

（5）ZL-5 型，如图 3-26（e），显示明渠逐渐扩散、单圆柱绕流、多圆柱绕流及直角弯道等流段的流动图像。圆柱绕流是该型演示仪的特征流谱。

由显示可见，单圆柱绕流时的边界层分离状况、分离点位置、卡门涡街的产生与发展过程及多圆柱绕流时的流体混合、扩散、组合旋涡等流谱，现分述如下。

①滞止点：观察流经前驻滞点的小气泡，可见流速的变化为 $v_0 \to 0 \to v_{max}$，流动在滞止点上明显停滞（可结合说明能量的转化及毕托管测速原理）。

②边界层分离：结合显示图谱，说明边界层、转捩点概念并观察边界层分离现象，边界层分离后的回流形态及圆柱绕流转捩点的位置。

边界层分离将引起较大的能量损失。结合渐扩段的边界层分离现象，还可说明边界层分离后会产生局部低压，以至于有可能出现空化和空蚀破坏现象。如文氏管喉管出口处（参考空化机理实验仪说明）。

③卡门涡街：圆柱的轴与来流方向垂直。在圆柱的两个对称点上产生边界层分离后，不断交替在两侧产生与旋转方向相反的旋涡，并流向下游，形成冯·卡门（Von Karman）"涡街"。

对卡门涡街的研究，在工程实际中有很重要的意义。每当一个旋涡脱离开柱体时，根据汤姆逊（Thomson）环量不变定理，必须在柱体上产生一个与旋涡具有的环量大小相等方向相反的环量，这个环量使绕流体产生横向力，即升力。注意到在柱体的两侧交替地产生着旋转方向相反的旋涡，因此柱体上的环量的符号交替变化，横向力的方向也交替地变化。这样就使柱体产生了一定频率的横向振动。若该频率接近柱体的自振频率，就可能产生共振，为此常采取一些工程措施加以解决。

从圆柱绕流的图谱可见，卡门涡街的频率不仅与 Re 有关，也与管流的过流量有关。若在绕流柱上，过圆心打一与来流方向相垂直的通道，在通道中装设热丝等感应测量元件，则可测得由于交变升力引起的流速脉动频率，根据频率就可测量管道的流量。

卡门涡街引起的振动及其实例：观察涡街现象，可说明升力产生的原理。绕流体为何会产生振动及为什么振动方向与来流方向相垂直等问题，都能通过对该图谱进行观测分析迎刃而解。例如，风吹电线电线会发出共鸣（风振）；潜艇在行进中，潜望镜会发生振动；高层建筑（高烟囱等）在大风中会发生振动；等等，其根据概出于卡门涡街。

④多圆柱绕流被广泛用于热工中的传热系统的"冷凝器"及其他工业管道的热交换器等，流体流经圆柱时，边界层内的流体和柱体发生热交换，柱体后的旋涡则起混掺作用，然后流经下一柱体，再交换再混掺。换热效果较佳。另外，高层建筑群也有类似的流动图像，即当高层建筑群承受大风袭击时，建筑物周围也会出现复杂的风向和组合气旋，即使在独立的高层建筑物下游附近，也会出现分离和尾流。这应引起建筑师的重视。

（6）ZL-6 型，如图 3-26（f），显示明渠渐扩，桥墩形钝体绕流，流线体绕流，直角弯道和正、反流线体绕流等流段上的流动图谱。

桥墩形柱体绕流流体为圆头方尾的钝形体，水流脱离桥墩后，形成一个旋涡区——尾流，在尾流区两侧产生旋向相反且不断交替的旋涡，即卡门涡街。与圆柱绕流不同的是，该涡街的频率具有较明显的随机性。

该图谱主要有以下两个作用。

①说明了非圆柱体绕流也会产生卡门涡街。

②对比观察圆柱绕流和该钝体绕流可见：前者涡街频率 f 在 Re 不变时也不变；而后者，即使 Re 不变，f 也随机变化。由此说明了为什么圆柱绕流频率可由公式计算，而非圆柱绕流频率一般不能计算。

解决绕流体的振动问题的途径有三：①改变流速；②改变绕流体自振频率；③改变绕流体结构形式，以破坏涡街的固定频率，避免共振。如北大力学系曾据此成功地解决了 120 m 烟囱的风振问题。其措施是在烟囱的外表加了几道螺纹形突体，从而破坏了圆柱绕流时的卡门涡街的结构并改变了它的频率，消除了风振。

流线型柱体绕流是绕流体的最好形式，流动顺畅，形体阻力最小。从正、反流线体的对比流动可见，当流线体倒置时，也现出卡门涡街。因此，为使过流平稳，应采用顺流而放的圆头尖尾形柱体。

（7）ZL-7 型，如图 3-26（g）。这是一只"双稳放大射流阀"流动原理显示仪。经喷嘴喷射出的射流（大信号）可附于任一侧面，若先附于左壁，射流经左通道后，向右出口输出；当旋转仪器表面控制圆盘，使左气道与圆盘气孔相通时（通大气），射流因获得左侧的控制流（小信号）而切换至右壁，流体从左出口输出。这时若再转动控制圆盘，切断气流，则射流稳定于原通道不变。如要使射流再切换回来，只要再转动控制圆盘，使右气道与圆盘气孔相通即可。因此，该装置既是一个射流阀，又是一个双稳射流控制元件，只要给一个小信号（气流）便能输出一个大信号（射流），并能把脉冲小信号保持记忆下来。

演示所见的射流附壁现象又被称作"附壁效应"。利用附壁效应可制成"或门""非门""或非门"等各种射流元件，并可把它们组成自动控制系统或自动检测系统。射流元件由于不受外界电磁干扰，因此较之电子自控元件有其独特的优点，在军工方面也有它的用途。

作为射流元件在自动控制中的应用示例，ZL-7 型还配置了液位自动控制装置。图 3-27 为 a 通道自动向左水箱加水状态。左右水箱的最高水位由溢流板（中板）控制，最低水位由 a_1、b_1 的位置自动控制。其原理是如下。

水泵启动，本仪器流道喉管 a_2、b_2 处由于过流断面较小，流速过大，形成真空。在水箱水位升高后产生溢流，喉管 a_2、b_2 处所承受的外压保持恒定。当仪器运行到如图 3-27 状态时，右水箱水位因 b_2 处真空作用的抽吸而下降，当液位降到 b_1 小孔高程时，气流则经 b_1 进入 b_2，b_2 处升压（a_2 处压力不变），使射流切换到另一流道即 a_2 一侧，b_2 处进气造成 a_4、a_3 间断流，a_3 出口处的薄膜逆止阀关闭，而 $b_4''b_3$ 过流，b_3 出口处的薄膜逆止阀打开，右水箱加水。其过程与左水箱加水相同，如此往复循环，十分形象地展示了射流元件自动控制液位的过程。

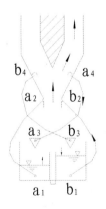

（上半图为双稳放大射流阀；下半图为双水箱容器）

图 3-27　射流元件示意图

a_1、b_1、a_3、b_3 容器后壁小孔分别与孔 a_2、b_2 及毕托管取水嘴 a_4、b_4 连通。射流元件在其他工控中亦有广泛应用。

四、实验步骤

(一) 仪器检查

(1) 通电检查：未加水前插上 220 V、50 Hz 电源，顺时针打开可控硅无级调速旋钮 7，水泵起动，4 支日光灯亮；继而顺时针转动旋钮，则水泵减速，但日光灯不受影响。最后逆时针转动旋钮复原到关机前临界位置，水泵转速最快。

(2) 加水检查：加入蒸馏水或冷开水，可使水质长期不变。拨开加水孔孔盖 4，用漏斗或虹吸法向水箱内加水。其水量以水位升到观测窗（左侧面）2/3 处为宜。并检查有无漏水，若有漏，应放水处理后再重新加水。

(二) 使用方法

(1) 起动：打开旋钮，关闭掺气阀，在最大流速下使显示面两侧下水道充满水。

(2) 掺气量调节：旋动掺气量调节阀 5，可改变掺气量（ZL-7 型除外）。注意有滞后性，调节应缓慢、逐次进行，使之达到最佳显示效果。掺气量不宜太大，否则会阻断水流或产生振动（仪器产生剧烈噪声）。

(三) 注意事项

(1) 水泵不能在低速下长时间工作，更不允许在通电情况下（日光灯亮）长时间处于停转状态，只有日光灯关灭才是真正关机。否则水泵易烧坏。

(2) 更换日光灯时，需将后罩的侧面螺丝旋下后再取下后罩。若更换启辉器，只需打开后罩下方的有机玻璃小盖板。

(3) 调速器旋钮的固定螺母松动时，应及时拧紧，以防止内接电线短路。

五、实验分析与思考

(1) 为什么进水量越大旋涡越剧烈？

(2) 在逐渐收缩段，有无旋涡产生？

(3) 绕流阻力是怎样产生的？研究绕流阻力的意义何在？

第四章　工程燃烧学实验

实验 4.1　煤的工业分析实验

一、实验目的

煤的工业分析是煤质分析中最基本的也是最为重要的一种定量分析，其分析结果可为燃煤设备设计、灰渣系统设计和燃煤设备燃烧调整提供必要的原始数据。它通过《煤的工业分析访求》（GB/T 212—2008）标准规定的实验条件测定煤中水分、灰分、挥发分和固定碳质量百分数含量。

本实验的目的是通过煤的工业分析实验，对煤的水分、挥发分、灰分对煤燃烧的影响有比较深刻的认识，并掌握煤的工业分析中各成分测定的原理和方法。

二、实验原理

工业分析的基本原理是将干燥过的煤样进行加热，加热到一定温度时，煤中的水分先析出；继续加热时，煤中的挥发分析出；挥发分析出后，固定碳开始燃烧，根据加热前后质量变化量求出该种成分的质量百分数含量。煤的工业分析就是在实验条件下按 GB/T 212—2018 规定的测定方法测定煤中水分、灰分、挥发分的质量百分数含量，固定碳质量百分数含量则通过计算求得。

三、实验仪器设备

（1）干燥箱：又称烘箱或恒温箱（图 4-1），用以测定煤的水分。干燥箱的热源是装在箱底的电热丝。箱内的热流传导方式是机械鼓风强迫对流，使箱内温度均匀。一般上、下部温差不超过 $0.5\ ℃$，被烘干物的干燥速度也较快。烘箱底部装有热电偶测温器，以指示箱内温度；同时装有温度控制装置，将箱内温度控制为某一定值。其控温精度可在 $\pm 0.5\ ℃$ 以内，控温范围一般是 $25\sim 200\ ℃$。

图 4-1　鼓风干燥箱图

（2）箱形电炉：又称马弗炉（muffle furnace），如图 4-2 所示，用以测定煤的灰分、挥发分含量。马弗炉的热源是炉膛外层嵌绕的电热丝。电热丝一般用镍铬丝，能耐 1 080～1 100 ℃的高温。考虑到炉壁存在热阻，电热丝与炉内需有一定温差。为使电热丝不致烧坏，箱形电炉的常用温度仅限于 900 ℃，最高不得超过 1 200 ℃。箱形电炉一般装有自动控温装置以控制炉温，可保持炉温波动在±10℃以内。

图 4-2　马弗炉

（3）干燥器：干燥器用以防止试样吸收水分用，用厚玻璃制造，盖与缸之间有磨口密合，其间可涂凡士林，保证严密性，起盖时要平推。内部附有带孔瓷板，板下放硅胶等干燥剂，以保持器内干燥状态。

（4）分析天平：用于试样称量，精确到 0.000 1 g。

（5）玻璃称量瓶：直径 40 mm，高 25 mm，并带有严密的磨口盖。

（6）灰皿：瓷质，长方形，底长 45 mm，底宽 22 mm，高 14 mm。

（7）其他：挥发分坩埚、坩埚架、坩埚架夹、耐热瓷板或石棉板、广口瓶等。

四、实验步骤

（一）煤中全水分的测定

煤中全水分的测定工作分两步进行：先测定煤样的外水分，然后再把煤样破碎，测定其内水分。最终，由两项测定结果计算得到。

1. 水分的测定

（1）收到基外水分的测定。

称取 500 g（精确到 0.5 g）左右的煤样，将其全部倒在已知重量的长方形浅盘中。将试盘中煤样摊平，随即放入温度为 70～80 ℃ 的烘箱干燥 1.5 h，取出试样，在室温下冷却并称重。然后再在室温下进行自然干燥，并经常搅拌，每隔一小时称一次重，直至质量变化不超出前次称量的 0.1%，则认为干燥完全，并以最后一次质量为计算依据。至此，煤样失去的水分即为收到基外水分 M_w，M_w 的计算公式如下。

$$M_w = \frac{G_1}{G} \times 100\% \qquad (4-1)$$

（2）空气干燥基内水分的测定。

将上述经自然干燥后的煤样粉碎到 0.2 mm 以下，并缩分到 250～300 g。装入带磨口塞的玻璃瓶中备用。

称取煤样（1±0.1）g，称准至 0.000 2 g，放入预先烘干并已知重量的称量瓶（直径 40 mm，高 25 mm）。将煤样摊平，开启瓶盖，放入预先鼓风并已加热到 105～110 ℃ 的干燥箱，在一直鼓风的条件下，烟煤干燥 1 h，无烟煤干燥 1.5 h，然后取出立即盖上盖，放入干燥器冷却至室温（约 20 min）后称量。此后进行检查性干燥，每次 30 min，直到连续两次干燥煤样的质量减少不超过 0.001 0 g 或质量增加时为止。在后一种情况下，采用质量增加前一次的质量为计算依据。水分小于 2.00% 时，不必进行检查性干燥。计算试样干燥后减轻的重量 G_1 与试样重量 G 之比的百分数，即为试样的空气干燥基水分 W_n，计算公式如下。

$$M_{ad} = \frac{G_1}{G} \times 100\% \qquad (4-2)$$

2. 煤样收到基水分的计算

$$M_{ar} = M_w + M_{ad} \left(\frac{100 - M_W}{100} \right) \qquad (4-3)$$

上式两个平行试样测定的结果，其误差不超过表 4-1 所列的数值时，可取两个试样的平均值作为测定结果，超过表中规定值时，实验应重做。

表 4-1　煤样空气干燥基水分测定的允许误差

水分 M_{ad} /%	平行测定结果的允许误差/%
<5	0.2
5～10	0.3
>10	0.4

(二) 煤中灰分的测定

煤中灰分的测定可分为缓慢灰化法和快速灰化法两种，快速灰化法不作仲裁分析用。

1. 缓慢灰化法

将一定重量的煤样放在马弗炉中逐步加热到 815±10 ℃，使灰样慢慢灰化，最后灼烧到恒重，灼烧后剩下的残渣重量百分数就是煤的灰分。

称取粉碎到 0.2 mm 以下的分析煤样 1±0.1 g，放入预先灼烧并已知重量的长方形灰器或瓷器，摊平使其不超过 0.15 g/m²，放入温度不超过 100 ℃ 的马弗炉，在自然通风和炉门留有 15 mm 左右缝隙的条件下，用 30 min 时间缓慢升至 500 ℃，在此温度下保持 30 min 后，升到 815±10 ℃，然后关上炉门并在此温度下灼烧 1 h，取出灰器，在空气中冷却 5 min，再放入干燥器冷却至室温（约 20 min）称重。再进行检查性灼烧，每次 20 min，直到前后两次重量变化小于 0.001 g 时为止，以最后一次重量为准。灰器中的残渣重量 m_1 与试样重量 m 之比的百分数，即为分析煤样的灰分 A_{ad}。

$$A_{ad} = \frac{m_1}{m} \times 100\% \tag{4-4}$$

2. 快速灰化法

将一定重量的煤样逐渐移入已预先加热到 850 ℃ 的马弗炉，灼烧至恒重。

测定方法是先将马弗炉加热到 850 ℃。称取粒度小于 0.2 mm 的一般分析实验煤样（0.5±0.01 g），称准至 0.000 2 g，均匀地摊平在灰皿中，使其不超过 0.08 g/m²。

打开炉门，在炉门口放一块耐热板。将试样放在板上，让其缓慢灰化，待 5～10 min 后试样不再冒烟时，再以不大于 2 cm/min 的速度推入炉内炽热部分。关闭炉门，使其在 815±10 ℃ 下灼烧 40 min，然后取出灰器，在空气中冷却 5 min，再放入干燥器冷却至室温，称重。以后进行检查性灼烧，每次 20 min，直到前后两次的重量变化小于 0.001 g 时为止。取最后一次测定的重量作为计算依据。

计算方法与缓慢灰化法相同。

灰分测定的允许误差见表 4-2。

表 4-2　灰分测定的允许误差

灰分 A^f/%	平行测定的允许误差/%	不同化验室测定同煤样的允许误差/%
<15	0.20	0.30
15～30	0.30	0.50
>30	0.50	0.70

（三）煤中挥发分的测定

煤的挥发分与加热温度、加热时间、坩埚大小、形状及材料等因素有关。我国国家标准（GB/T212-2008）中规定，加热温度为 900 ± 10 ℃，加热时间为 7 min，坩埚为瓷制。高为 40 mm，上口外径为 33 mm，底外径为 18 mm，坩埚重量为 15～19 g。

称取分析煤样 1 ± 0.01 g（精确到 0.000 2 g），放入已预先在 900 ℃下灼烧到恒重的坩埚（对褐煤和长焰煤应预先用压饼机压成饼，并切成约 3 mm 的小块），盖好盖子，晃动坩埚，使煤样铺平，放在坩埚架上。将马弗炉预先加热到 920 ℃，打开炉门迅速将摆好坩埚的架子送到炉内恒温区，关闭炉口，使煤样在 900 ± 10 ℃的温度下加热 7 min（打开炉门时，炉温会下降，只要在 3 min 内恢复到 900 ± 10 ℃，实验有效，否则作废）。然后取出坩埚，在空气中冷却 5 min，再放入干燥器内冷却到室温，称重。计算试样减少的重量 m_1 与试样重量 m 之比的百分数，扣除水分后，即得分析煤样的挥发分 V_{ad}。

$$V_{ad} = \frac{m_1}{m} \times 100 - M_{ad} \qquad (4-5)$$

挥发分测定的允许误差见表 4-3。

表 4-3　挥发分测定的允许误差

挥发分 V_{ad}/%	平行测定的允许误差/%	不同化验室测定同煤样的允许误差/%
<10	0.30	0.5
10～40	0.50	1.0
>40	0.80	1.5

测定挥发分时所得的焦渣特征按下列标准进行区分。

（1）粉状：全部粉状，没有互相黏着的颗粒。

（2）黏着：以手指轻压即碎成粉状，或基本上是粉状。

（3）弱黏结：用手指轻压即碎成小块。

（4）不熔融黏结：以手指用力压才碎成小块，焦渣上表面无光泽，下表面稍有银白色光泽。

（5）不膨胀熔融黏结：焦渣是扁平的饼状，煤粒的界限不易分清，表面有银白色金属光泽，焦渣下表面银白色光泽更明显。

（6）微膨胀熔融黏结：用手指压不碎，在焦渣上下表面均有银白色金属光泽，但在焦渣表面上，具有较小的膨胀泡。

（7）膨胀熔融黏结：焦渣上、下表面有银白色金属光泽，明显膨胀，但高度不超过 15 mm。

（8）强膨胀熔融黏结：焦渣上、下表面有银白色金属光泽，高度大于 15 mm。

通常，为了简便起见，可用上列序号作为焦渣特征的代号。

（四）固定碳含量的计算

固定碳含量根据测定的水分、灰分及挥发分，按下式计算。

$$FC_{ad} = 100 - (M_{ad} + A_{ad} + V_{ad}) \tag{4-6}$$

式中：FC_{ad} 为分析煤样的固定碳含量，%。

五、实验数据记录

将所得数据记录到表 4-4 中。

表 4-4　煤的工业分析实验数据记录表

序号	测定项目	容器重量/g	容器与试样总重/g	残留物重量/g
1				
2				
3				
4				
5				

六、实验报告要求

（1）给出实验原始数据记录。

（2）进行实验数据处理，获得本次工业分析实验各个成分结果。

（3）实验结果分析：与理论知识相结合，对实验结果及误差产生原因进行分析。

七、思考问题

（1）挥发分测量时，能否保证空气与燃料不接触？

（2）测量煤中水分的时候，为什么不能将加热过的称量瓶的盖子打开？

（3）是否可以用同一煤粉先测量水分，再测量挥发分，再测量灰分？

八、注意事项

（1）称量物应该放在容器内，不许直接与天平接触。

（2）手不能直接接触天平、砝码和被称量物体。

（3）测量煤中水分时，不能将加热过的称量瓶的盖子打开。

（4）测量煤中挥发分的时候，不得让空气与燃料接触，可冒烟但是不能出现火焰，否则需要重新做一次。

（5）测量灰分时，应该在自由通风的情况下进行。

实验 4.2 煤的发热量测定实验

一、实验目的

燃料的发热量（又称热值）是燃料分析的重要指标之一。燃料的燃烧过程主要以获取大量的热量为目的，燃料的发热量越高，其经济价值也越大。此外，燃料的热值是进行工程燃烧计算和燃烧设备设计必不可少的燃料特性参数。

本实验的目的是通过煤的发热量的实验测定，对煤的高位发热量、弹筒发热量和低位发热量有比较深刻的认识，掌握煤的发热量测定的原理和方法。

二、实验原理

煤的发热量测定的原理是将一定质量的燃料试样置于氧弹的燃烧皿（祖包夫皿）内，弹筒内充满 2.5～3.0 MPa 压力的氧气。可通电将点火丝点燃，并引燃实验煤样，使实验煤样在过量氧气的弹筒内迅速完全充分燃烧，放出燃料的全部热量。由于氧弹被安放在水筒内，水筒内的水完全淹没氧弹。试样燃烧放出的热量通过弹筒传给水筒内的水，使水的温度升高，根据水的温升和热量计的热容量精确计算出试样的弹筒放热量，进一步算出燃料的高位发热量和低位发热量。

热量计的热容量是在实验前或出厂前事先标定的。其原理是在内筒加入一定量的水，在氧弹中燃烧一定量的标准燃料——苯甲酸，由于苯甲酸的发热量是已知的，因此燃料所放出的总热量就可确定。燃料燃烧所放出的热量使筒内水及热量计系统温度升高，根据筒内水量及热量计系统温升即可计算热量计水温每升高 1 ℃所需热量，即热量计的热容量。本实验量热计的热容量已标明在每台实验设备上，因此在实验时向筒内加水的量也必须与标定时相同，误差不得超过 1 g。

三、实验设备

（一）5E－AC/PL 型自动氧弹量热仪

1. 5E-AC/PL 型氧弹量热计结构

氧弹量热计由自密封式氧弹、水套、水筒、搅拌器及温控器等构成（如图 4-3、4-4、4-5 所示）。

（a）氧弹筒

1. 充气嘴；2. 密封圈；3. 电极杆；

4. 点火丝压环；5. 坩埚支架；6. 挡火板。

（b）氧弹内部结构

图 4-3　氧弹

图 4-4　5E-AC/PL 型氧弹热量计实物图

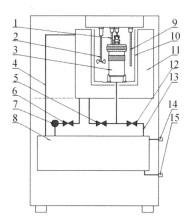

1—点火电极；2—搅拌器；3—氧弹；4—溢流管；5—平衡阀；6—进水阀；

7—进水泵；8—备用水箱；9—精密感温探头；10—内；桶 11—外桶；

12—放水阀；13—放水管；14—溢流口；15—放水口。

图 4-5　E-AC/PL 型氧弹热量计结构图

2. 主要技术指标

（1）测温范围：5～35 ℃。

（2）温度分辨率：0.000 1 ℃。

（3）测试时间：约 16 分钟/个。

（4）试样重量：1g（煤）。

（5）精密度：RSD≤0.2％。

（6）准确度：在标准样品的允许范围之内。

四、实验步骤

（1）接通各部件电源。

（2）称燃烧皿（不锈钢小坩埚）的重量，加上约 1～1.2 g 的煤样（发热量很高的低灰分焦煤和肥煤不宜超过 1 g），然后将装有煤样的燃烧皿放到氧弹盖支撑环内。对燃烧时易于飞溅的试样，可先在压饼机中压饼并分切成 2～4 mm 的小块使用。

（3）装样：将氧弹头挂于氧弹支架上，将装有样品的坩埚放在坩埚架上，装好点火丝，点火丝应与样品接触良好或保持微小的距离（对易飞溅和易燃的煤），并注意勿使点火丝接触坩埚，以免形成短路而导致点火失败，甚至烧毁坩埚及坩埚架。

（4）对于易于飞溅（挥发分高）的试样，可先用已知质量和热值的擦镜纸包紧，或先在压饼机中压饼并切成 2～4 mm 的小块使用；不易燃烧完全的试样，可先在坩埚底垫上一层已在 800 ℃高温下灼烧过 30min 的石棉绒或用擦镜纸包裹；热值低于 18 000 J/g 的试样应加一定量的苯甲酸，硫含（5）用长度约 10～12 cm 的点火丝，把两端分别接在两个电极上。必须注意，点火丝不能与燃烧皿相接触，以免短路，导致点火失败，甚至烧坏燃烧皿。调节下垂的点火丝与煤样微微接触（对难点燃的煤）或保持微小距离（对易燃和易飞溅的煤），以便易于着火。

（6）往氧弹中加 10 ml 蒸馏水。小心拧紧弹盖，注意避免燃烧皿和点火丝的位置因受震动而改变，然后接上氧气导管，往氧弹中缓慢充入氧气，直到压力达到 2.7～2.8 MPa。对燃烧不易完全的试样，应把充氧压力提高到 3.5 MPa。充氧时间不得少于 0.5 min。当氧气瓶中氧气压力降到 5.0 MPa 以下时，充氧时间应酌量延长。

（7）将氧弹放入内桶中的三脚支架上，盖好上盖。然后在计算机控制软件界面点击"开始试验"，输入"编号、样重"，如有添加物则需在输入"添加物重"等数据后点击"开始试验"。

（8）找出未烧完的点火丝，并量出长度（5 cm），或以称重法测量，以便计算实际消耗量。

（8）用蒸馏水充分冲洗弹内各部、放气阀、燃烧皿和燃烧残渣，把全部洗液（150～200 ml）收集在烧杯中供测硫用。将盛有洗液的烧杯用表面器皿盖上，加热洗液，沸腾 5 min 后加 2 滴酚酞指示剂，用 0.1 N 的氢氧化钠标准溶液滴定，记录消耗的氢氧化钠溶液的体积（如省略此项内容，硝酸生成热可按经验数据选取）。

（10）重复上述过程直到所有试验完成，然后关闭各部件电源，关闭钢瓶总阀门，盖好仪器盖布。

五、实验数据处理

（一）实验记录

（1）试样重量 G。

（2）热容量 E：由标定获得，可从实验结果中获得。

（3）试样的全硫含量 S_c：测量获得。

（4）点火丝热量 Q_d。

Q_d 可按下式计算：

$$Q_d = lQ_b \tag{4-7}$$

式中：

Q_b 为点火丝的标准热值，J/cm；

l 为点火丝实际燃烧长度，cm。

（5）温度读数记录表，见表 4-5。

（6）温升 ΔT 计算。

量热计体系实验主期末温与初温的温升由两部分构成，即实验主期末温与初温之间的温升和量热体系与环境的热交换的修正值。

温升 ΔT 计算式如下。

$$\Delta T = (t_n - t_0) + \Delta\theta \tag{4-8}$$

表 4-5　煤的发热量测定实验数据记录表

序号	测定项目	数值（单位）
1	坩埚重量	
2	试样重量	
3	热容量	
4	试样硫含量 SDT	

续　表

序号	测定项目	数值（单位）
5	点火丝剩余长度	
6	Mad	
7	Mar	
8	Had	
9	冷却修正 $\Delta\theta$	
10	终了温升（$t_n - t_0$）	
11	煤样种类	
12		
13		

其中 $\Delta\theta$ 计算方法如下。

$$\Delta\theta = \frac{V_n - V_0}{t_n - t_0}\left(\frac{t_0 + t_n}{2} + \sum_1^{n-1} t_i - nt_0\right) + nV_0 \tag{4-9}$$

式中：

V_0 为对应于点火时内外筒温差的内筒降温速度（℃/min）；

V_n 为对应于终点时间内外筒温差的内筒降温速度（℃/min）；

t_0 为主期初温（℃）；

t_n 为主期末温（℃）；

n 为由点火到终点的时间（min）；

t_i 为主期第 i 分钟时的内筒的温度读数（℃）。

（一）热量计算

分析煤样的弹筒发热量如下。

$$Q_{DT,\,ad} = \frac{E \cdot \Delta T - Q_d}{G} \tag{4-10}$$

式中：Q_d 为点火丝燃烧产生的热量，J；

E 为热量计的热容量，J/℃；

G 为试样重量，g；

ΔT 为量热计体系实验主期末温与初温的温升，℃。

高位发热量如下。

$$Q_{gr,\,ad} = Q_{DT,\,ad} - (94.05S_{DT} + aQ_{DT,\,ad}) \tag{4-11}$$

式中：

$Q_{gr.ad}$ 为分析试样的空气干燥基高位发热量，J/g；

$Q_{DT.ad}$ 为分析试样的弹筒发热量，J/g；

S_{DT} 为由弹筒洗液测得的煤的含硫量，%；

94.05 为煤中每 1%（0.01g）硫的校正值，J；

a 为硝酸校正系数，贫煤和无烟煤取 0.001 0，其他煤取 0.001 5。

当煤中含硫量低于 4% 时，或发热量大于 14 630 J/g 时，可用全硫或可燃硫代替 S_{DT}^{f}。

试样的低位发热量：当已知实验煤样的空气干燥基水分后，试样的空气干燥基低位发热量可通过以下计算。

$$Q_{net.ad} = Q_{gr.ad} - 25(M_{ad} + 9H_{ad}) \tag{4-12}$$

式中：

M_{ad} 为实验煤样的空气干燥基水分，%；

H_{ad} 为实验煤样的空气干燥基氢含量，%。

六、实验报告要求

（1）给出实验原始数据记录。

（2）进行实验数据处理，获得本次煤发热量测定结果。

（3）实验结果分析：与理论知识相结合，对实验结果及误差产生原因进行分析。

七、思考问题

（1）发热量有哪几种分类？

（2）何谓燃料的高位发热量？何谓燃料的低位发热量？

（3）在氧弹中加 10 ml 的水的作用是什么？

（4）为什么热力计算中要用燃料的应用基低位发热量？

八、注意事项

（1）室内温度以 15～35 ℃ 为宜，最好在不受阳光直接照射的单独房间内进行实验。每次测定室内温度变化不应超过 1 ℃。

（2）实验室内不应有正在使用的马弗炉、电炉等放热装置。室内应无强烈的空气对流，因此不应有强烈的热源和风扇等，实验过程中应避免开启门窗。

（3）量热仪和热量计在操作过程中应尽量少振动氧弹，以避免坩埚和点火丝的位置因受振动而改变，造成点火失败或烧毁坩埚。

实验 4.3　液体燃料闪点、燃点测定实验

一、实验目的

液体燃料虽元素成分基本相近，但是它们的物理性能和燃烧特性往往差别很大。因此，必须掌握液体燃料的有关性能参数，才能保证在工程实践中安全、有效地使用液体燃料。通过本实验可使学生掌握液体燃料开口闪点、燃点、闭口闪点的测定方法及测试仪器的使用方法；加深学生对液体燃料闪点、燃点的定义及液体存在闪燃现象的理解。

二、实验原理

当液体温度比较低时，由于蒸发温度低，蒸发速度慢，液面上方形成的蒸汽分子浓度比较小，小于爆炸下限，此时蒸汽分子与空气形成的混合气体遇到火源是不能被点燃的。随着温度的不断升高，蒸汽分子浓度增大，当蒸汽分子浓度增大到爆炸下限的时候，可燃液体的蒸汽与空气形成的混合气体遇到火源会发生一闪即熄灭的现象，这种一闪即灭的瞬时燃烧现象称为闪燃。在规定的实验条件下，液体表面发生闪燃时所对应的液体最低温度称为该液体的闪点。在闪点温度下，液体只能发生闪燃而不能出现持续燃烧。这是因为在闪点温度下，可燃液体的蒸发速度小于其燃烧速度，液面上方的蒸汽烧光后来不及补充，导致火焰自行熄灭。

继续升高温度，液面上方蒸汽浓度增加，当蒸汽分子与空气形成的混合物遇到火源能够燃烧且持续时间不少于 5 s 时，此时液体被点燃，它所对应的温度称为该液体的燃点。

闪点、燃点对于燃油贮存和运输的安全性及燃油的燃烧性能具有重要的意义。为了安全起见，在开口容器中加热燃油时，加热温度至少低于闪点 10 ℃，以免发生火灾。

开口闪点测定时将试样装入试验杯至规定的刻度线。先迅速升高试样的温度，当接近闪点时再缓慢地以恒定的速率升温。在规定的温度间隔，用一个小的试验火焰扫过试验杯，使试验火焰引起试样液面上部蒸汽闪火的最低温度即为闪点。如需测定燃点，应继续进行试验，直到试验火焰引起试样液面的蒸汽着火并至少维持燃烧 5 s 的最低温度即为燃点。在环境大气压下测得的闪点和燃点用公式修正到标准大气压下的闪点和燃点。

闭口闪点测定时被测样品在密闭的油缸中加热，样品受热蒸发，产生试验油蒸汽，该蒸汽与周围的空气形成混合气体，该气体在与火焰接触时产生一闪即灭（<5 s）的闪火现象，此时该试验油的最低温度即为该被测样品的闭口杯法闪点。

三、实验仪器设备

（一）开口闪点试验仪器

克利夫兰开口闪点（Cleaveland Open-Cup Method，COC）试验仪器：该仪器主要包括加热装置、搅拌装置、点火装置及测温部件等，具体结构如图4-6所示。

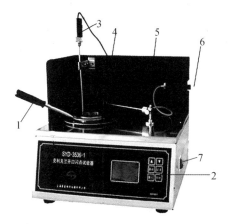

1. 克利夫试样油杯；2. 操作面板；3 温度传感器；4. 电炉；
5. 点火扫划杆；6. 供气调节组件；7. 电源开关。

图4-6 开口闪点试验仪器

克利夫兰试样油杯：本仪器盛放试样和加热的专用油杯。

操作面板：通过操作面板可进行相关实验设置。

温度传感器：PT100 铂电阻温度传感器，垂直固定于温度传感器架上，其触点置于试样中。

电炉：加热电炉。

点火扫划杆：自动划扫，使试验火焰每次通过试验杯的时间约为1秒。

供气调节组件：供气气源接在该组件的进口处，其旋钮用于调节供气量的大小，使划扫杆的火焰直径为3.2～4.8 mm。

电源开关：打开此开关，仪器接通工作电源，指示灯亮，液晶显示器亮。

（二）闭口闪点试验仪器

闭口闪点试验：该仪器主要包括加热装置、搅拌装置、点火装置及测温部件等，具体结构如图 4-7 所示。

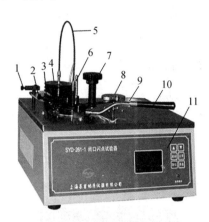

1. 进气调节阀；2. 引火器；3. 乳胶管；4. 搅拌电机；5. 传动软管；6. 温度传感器；
7. 点火组件；8. 自动点火旋转轮；9. 试杯孔；10. 油杯；11. 控制面板。

图 4-7　闭口闪点试验器

进气调节阀：供气气源从该阀进气口接入，用于调节点火器的供气量。

引火器：由火焰调节旋钮和点火头组成，用于调节点火火焰的大小和给试样点火。

乳胶管：两根，用于连接进气调节阀和引火器。

搅拌电机：用于搅拌油杯中的试样。

传动软轴：连接搅拌电机和搅拌叶片。

温度传感器：测温传感器，Pt100。

点火组件：顺时针旋转点火组件上的旋转手柄时打开点火口，点火头向试样点火，手动点火时用。点火装置、搅拌叶片、温度传感器插孔等装在此组件上。

自动点火旋转轮：旋转一周自动点火一次，自动点火时用。

试杯孔：放置试样油杯或弹簧旋钮、搅拌装置。

油杯：用于盛放待测的试样并置于加热电炉上。

控制面板：用于试验步骤及各参数设定，如图 4-8 所示。

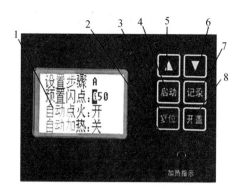

图 4-8　控制面板

四、实验步骤

（一）开口闪点测定实验步骤

（1）观察气压计，记录试验期间仪器附件的环境大气压。

（2）取少量的被测样品倒入克利夫兰油杯中，至刻线处。

（3）把油杯放在电炉上，接好人工燃气，调节好温度传感器的高度和火焰的大小。

（4）根据被测样品设定仪器相关参数。

①预置闪点：预置闪点范围为 0~400 ℃，常见油品闪点值如表 4-6 所示，可根据该表设定预置闪点。

表 4-6　常见油品的开口闪点

燃油类别	汽轮机油/℃	轴承油/℃	液压油/℃	真空泵油/℃
开口闪点	195	180	205	206

②点火设置：自动点火有开、关两档，实验时通常将其设置为自动点火。

③加热设置：自动加热有开、关两档，实验时通常将其设置为自动加热。

（5）启动仪器使其处于正常工作状态。

（6）开始加热时，试样的升温速度为 14~17 ℃/min。当试样温度达到预期闪点前减慢加热速度，使试样在达到闪点前的最后 23 ℃±5 ℃时升温速度为 5~6 ℃/min。在实验过程中，避免在试验杯附近随意走动或呼吸，以防扰动试样蒸汽。

（7）在预期闪点前至少 23 ℃±5 ℃时，开始用试验火焰扫划，温度每升高 2 ℃扫划一次。用平滑、连续的动作扫划，试验火焰每次通过试验杯所需时间约为 1 s，试验火焰应在与通过温度计的试验杯的直径成直角的位置上划过试验杯的中心，扫划时以直线或沿着半径至少为 150 mm 的圆来进行。试验火焰的中心必须在试验杯上边缘面上 2 mm 以内的平面上移动。先向一个方向扫划，下次再向相反方向扫划。如果试样表面形成一层膜，应把油膜拨到一边再继续进行试验。

（8）注意观察，当在油面上任何一点出现闪火时，不按动记录键，人工记下仪器当前显示的温度，此温度即为试样的闪点值。

（9）测定闪点之后，让仪器以 5～6 ℃/min 的速度继续加热，试样每升高 2 ℃仪器将扫划一次，直到试样着火，并能连续燃烧不少于 5 s，按动记录键，仪器液晶显示屏记录本次试验的燃点值。同时立即将温度传感器拔出试样杯口，用熄火盖盖住试样杯。

（10）重复以上的操作，将测得结果记录填入记录表格。

（11）在实验结束时，先关闭煤气，然后取出未用完的样品保存，整理仪器设备。

（二）闭口闪点测定实验步骤

（1）观察气压计，记录试验期间仪器附件的环境大气压。

（2）取少量的被测样品置于油杯（50 ml 左右）中，盖好油杯盖。

（3）根据被测样品设定仪器相关参数。

①设置步骤：步骤有 A、B 两档。步骤 A 适用于表面不成膜的油漆和清漆、未用过润滑油及不包含在步骤 B 之内的其他石油产品。步骤 B 适用于残渣燃料油，稀释沥青，用过润滑油、表面趋于成膜的液体，带悬浮颗粒的液体及高黏稠样品（例如聚合物溶液和黏合剂）。

②预置闪点：预置闪点范围为 0～400 ℃，常用燃料油闪点值如表 4-7 所示，可根据该表设定预置闪点。

表 4-7　常见燃料油的闭口闪点

燃油类别	汽油/℃	煤油/℃	轻柴油/℃	重柴油/℃
闭口闪点	−20	20～30	50～60	65～80

③点火设置：自动点火有开、关两档，实验时通常将其设置为自动点火。设置自动点火后，仪器会根据预置闪点进行点火。当试样的预置闪点为不高于 110 ℃时，从预置闪点以下 23（±5）℃开始点火，试样每升高 1 ℃点火一次，并且点火时停止搅拌。当试样的预期闪点高于 110 ℃时，从预置闪点以下 23

(±5)℃开始点火,试样每升高2℃点火一次。

④加热设置:自动加热有开、关两档,实验时通常将其设置为自动加热。在整个试验期间,仪器会根据设置步骤进行加热。若设置步骤为A步骤,则试样以5~6 ℃/min的速率升温,且搅拌速率为90~120 r/min;若设置步骤为B步骤,则试样以1~1.5 ℃/min的速率升温,且搅拌速率为250±10 r/min。

(4)打开煤气,点燃引火器,将火焰调整为标准形状。

(5)启动仪器使其处于正常工作状态。

(6)当温度升到离预计的闪点低5 ℃时,注意温度每升高0.5 ℃观察温度表一次。

(7)注意观察闪火,如发现有闪火现象,立即按"记录"键,仪器将记录本次试验的闪点值,这时搅拌停止,加热也停止。

(8)重复以上的操作,将测得结果填入记录表格。

(9)在实验结束时,先关闭煤气,然后取出未用完的样品保存,整理仪器设备。

五、实验数据记录及处理

(一)开口闪点实验记录

将所得数据记录到表4-8。

表 4-8　数据记录表

物质名称	第一次		第二次		平均结果	
	闪点	燃点	闪点	燃点	闪点	燃点
柴油						
煤油						

前后两次实验结果应满足以下要求。

(1)重复性:在同一实验室,由同一操作者使用同一仪器,按相同方法,对同一试样连续测定的两个闪点之差、两个燃点之差均不能超过8 ℃。

(2)再现性:在不同实验室,由不同操作者使用不同的仪器,按相同方法,对同一试样测定的两个单一、独立的结果之差,对于闪点不能超过17 ℃、对于燃点不能超过14 ℃。

(二)闭口闪点实验记录

将所得数据记录到表4-9。

表 4-9　数据记录表

次数	第一次实验/℃	第二次实验/℃
温度		

前后两次实验结果应满足表 4-10 的要求。

表 4-10　同一操作者测定重复性要求

闪点范围/℃	重复性允许差值/℃
≤104	2
>104	6

六、实验报告要求

（1）给出实验原始数据记录。

（2）进行实验数据处理，获得本次燃油闪点及燃点测定结果。

（3）实验结果分析：与理论知识相结合，对实验结果及误差产生原因进行分析。

七、思考问题

（1）测定可燃液体闪点有何意义？

（2）影响测定结果准确程度的因素有哪些？

（3）用闭口法和开口法对同一种油进行测定时，其闪点值是否一样，为什么？

（4）为什么实验用油每次都要取新鲜的油液？

八、注意事项

（1）石油产品都属于易燃物品，在存放和使用时都要严格按照实验步骤要求进行，注意安全。

（2）做燃点实验时应十分谨慎，燃点出现后及时用熄火盖盖住试样杯，防止发生意外。

（3）实验完或后按老师指定将试验油倒回废油罐。

（4）实验后关闭电源，将仪器擦洗干净。

（5）实验时，铜杯应轻拿轻放，以防高温液体溅出烫伤。

实验 4.4　燃油运动黏度测定实验

一、实验目的

　　燃油的黏度是衡量燃油流动性的重要物理指标。燃油黏度越低，其越容易流动，因此黏度大小对燃油的输送和雾化均有很大的影响。通过本实验可使学生掌握测定液体燃料的运动黏度系数的方法，理解液体燃料运动黏度与温度间的关系。

二、实验原理

　　本实验的方法是在某一恒定的温度下，使一定体积的待测定液体燃料在重力下流过一个标定好的玻璃毛细管黏度计，通过其流过黏度计的时间来测定其黏度。标定好的黏度计毛细管常数与流动时间的乘积，即为该温度下测定液体的运动黏度。在温度 t 时，运动黏度用符号 ν_t 表示。

三、实验仪器设备

　　石油产品运动黏度测定器：该仪器主要由上盖部分、浴缸、保温部分和控制部分组成，具体结构如图 4-9 所示。

1. 控制面板；2. 双层恒温浴；3. 温度计插孔；4. 搅拌器；
5. 温度传感器；6. 毛细管夹持器；7. 照明系统。

图 4-9　石油产品运动粘度测定器

控制面板：通过控制面板可对仪器设定值进行修改，进行参数的调出、参数的修改确认等工作。

双层恒温浴：仪器采用双层缸形式的恒温浴。内层采用 $\varnothing 300$ mm $\times$ 300 mm 的硬质玻璃缸，外层保温套为 $\varnothing 360$ mm $\times$ 285 mm 的有机玻璃筒，内外层之间为空气保温层。

③温度计插孔：用于测量内桶温度。

④搅拌器：对恒温浴液体进行搅拌，使其温度更加均匀，其转数为 1200r/min。

⑤温度传感器：工业铂电阻 Pt100，用于测定桶内温度。

⑥毛细管夹持器：仪器共有四个毛细管安装孔，可同时进行多个试样的检测。

⑦照明系统：本仪器安装了 220 V 节能灯，其光效高，为清晰地观测毛细管黏度计的读数提供了保证。

四、实验步骤

（1）打开仪器箱体右侧的电源开关，开关指示灯亮，此时温控仪的显示屏亮，上半部显示窗显示的是此时浴缸内的实际温度（PV 值），下半部显示窗显示的是设定的温度值（SV 值）。

（2）根据实验要求设定温度控制值：按一下温控仪面板上功能键"SET"键，下半部显示窗显示的 SV 值闪烁，此时可按移位键"<"选择设定值的位数，按加键"∧"或减键"∨"修改设定值的各位温度数值。所需的各位温度数值设置完毕后，再按功能键"SET"键，温度控制值设定完毕。

（3）当浴缸内温度升至设定值进入控温状态并浴缸内的实际温度显示稳定后，用玻璃温度计检查温控仪仪表显示值与实际值是否一致。

（4）若玻璃温度计检测的实际值与温控仪显示的实测值不一致，则需作修正。例如：温控仪显示的实测值为 80.0 ℃，玻璃温度计检测值为 79.7 ℃时，按"SET"键（时间稍长些），上半部显示窗显示 5 ℃，这时修改下半部显示窗显示值为 -0.3（若玻璃温度计检测值为 80.3 ℃时，则修改下半部显示窗显示值为 +0.3），修正完毕后，按"SET"键退出。

（5）仪器出厂时 PID 参数已设定好，当控温精度达不到要求时需重新自整定一次，按住功能键"SET"5 s，进入 B 菜单，PV 显示 RL1，然后每按一次"SET"，PV 依次显示 AL2、5C、ATU，按加键，设置 ATU=1，AT 灯亮。按住"SET"5 s，退出 B 菜单。系统进入自整定状态，经过两个周期的波动后，自整定结束，AT 灯熄灭，PID 参数调整完毕（注意自整定需在设定点较远处进行）。

（6）根据需要选择合适的黏度计，使试样流动时间不少于 200 s，内径的粘度计流动时间不少于 350 s，实验时，用秒表记下待测液体石油产品从黏度计标线 a 处流经标线 b 所需的时间。

（7）检查并清洗所选择的黏度计，在测定试样的黏度之前，必须将黏度计用石油醚洗涤，如果黏度计沾有污垢，就用铬酸洗液、水、蒸馏水或 95% 乙醇依次洗涤。然后放入烘箱烘干或用通过棉花滤过的热空气吹干。

（8）测定运动黏度时，在清洁、干燥的毛细管黏度计内装入试样。在装试样之前，将橡皮管套在图 4-10 的支管 7 上，并用手指堵住管身 6 的管口，同时倒置黏度计，然后将管身 1 插入装着试样的容器，这时利用橡皮球将液体吸到标线 b，同时注意不要使管身 1 、扩张部分 2 和 3 中的液体发生气泡和裂隙。当液面达到标线 b 时，就从容器里提起黏度计，并迅速使其恢复正常状态，同时将管身 1 的管端外壁所沾着的多余试样擦去，并从支管 7 取下橡皮管套在管身 1 上。

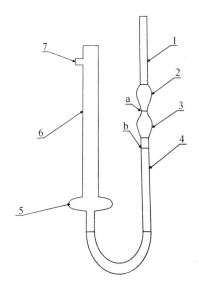

1、6. 管身；2、3、5. 扩大部分；4. 毛细管；7. 支管；a、b. 标线。

图 4-10　黏度计

（9）将装有试样的黏度计浸入事先准备妥当的恒温浴，并用黏度计夹将黏度计固定在支架上，在固定位置时，必须保证毛细管黏度计的扩张部分 2 浸入一半。

（10）用另一只夹子固定温度计，使水银球的位置接近毛细管中央点的水平面，并使温度计上要测温的刻度位于恒温浴的液面上 10 mm 处。

（11）将黏度计调整为垂直状态，要利用铅垂线从两个相互垂直的方向检查毛细管的垂直情况。将恒温浴调整到规定的温度，把装好试样的黏度计浸在恒温浴内，经恒温时间（表 4-11 规定的时间）试验的温度必须保持恒定到 ±0.1℃。

表 4-11　黏度计在恒温浴中的恒温时间

试验温度/℃	恒温时间/min
80，100	20
40，50	15
20	10
0～—50	15

（12）利用毛细管黏度计管身 1 口所套着的橡皮管将试样吸入扩张部分 3，使试样液面稍高于标线 a。

（13）注意不要让毛细管和扩张部分 3 的液体产生气泡或裂隙。

（14）此时观察试样在管身中的流动情况，液面正好到达标线 a 时开动秒表，液面正好流到标线 b 时停止秒表。试样的液面在扩张部分 3 中流动时，注意恒温浴中正在搅拌的液体要保持恒定温度，而且扩张部分不应出现气泡。

（15）用秒表记录下来的流动时间，应重复测定至少 4 次，其中各次流动时间与其算术平均值的差数应符合如下的要求：在温度 15～100 ℃测定黏度时，这个差数不应超过算术平均值的 ±0.5%；在 15～—30℃测定黏度时，这个差数不应超过算术平均值的 ±1.5%，在低于—30℃测定黏度时，这个差数不应超过算术平均值的 ±2.5%。然后，取不少于三次的流动时间所得的算术平均值作为试样的平均流动时间。

（16）重复步骤（6）至步骤（15），进行重复性实验。

（17）实验结束，清洗黏度计并烘干收好。

五、实验数据记录及处理

将所得数据记录到表 4-12 中。

在温度 t，试验的运动黏度 ν_t（mm²/s），按式（4-12）计算。

$$\nu_t = c \times \tau \tag{4-13}$$

式中：

c 为黏度计常数，mm²/s²；

τ 为实验平均流动时间，s。

表 4-12　实验记录

实验次数	实验温度/℃	黏度计常数 c	测量时间/s	算术平均时间/s	相差	试样运动粘度/（mm²/s）
1						
2						
3						
4						
5						
6						
7						
8						

试验重复性要求：用同一试验重复测定的两个结果之差，不应超过表 4-13 数值。

表 4-13　试验重复性要求

测定黏度的温度/℃	重复性/％
100～15	算术平均值的 1.0
15～−30	算术平均值的 3.0
−30～−60	算术平均值的 5.0

六、实验报告要求

（1）给出实验原始数据记录。

（2）进行实验数据处理，获得本次燃油黏度测定结果。

（3）实验结果分析：与理论知识相结合，对实验结果及误差产生原因进行分析。

七、思考问题

（1）测量黏度还有其他方法，说明几种方法的优缺点。

（2）分析你的实验结果，与相关资料比较，有何差异？

八、注意事项

（1）仪器未单独设置搅拌开关、温控仪开关，打开电源开关即开始搅拌，温控仪开始工作，当设定温度高于水浴介质温度时加热管开始加热。

（2）清洗黏度计时先用分析纯冲洗，洗涤时可用橡皮球进行吸吹，经多次分析纯冲洗后方可用乙醇清洗，最后再用水清洗。

（3）毛细管黏度计的垂直状态可通过夹持器上的三个小螺丝钉进行调整。

（4）温度计安装时务必使水银球的位置接近毛细管黏度计的中央点的水平面。

实验 4.5　火焰温度及结构测定实验

一、实验目的

(1) 掌握不同燃气与空气比例对火焰温度和火焰结构的影响。

(2) 观察不同燃气与空气比例下火焰颜色和火焰长度的变化规律。

(3) 测量不同燃气与空气比例下火焰中心温度随高度变化规律，得到对应变化曲线。

二、实验原理

气体燃料燃烧火焰结构、火焰温度、火焰传播速度及火焰传播极限等是研究燃烧机理的重要内容，是燃烧过程控制的重要参数，对其影响因素进行研究对提高燃烧效率、控制燃烧过程、防止爆炸事故发生等有重要意义。

火焰温度及结构测量实验装置如图 4-11 所示。该实验装置主要由液化石油气、空气鼓风机、气体流量测量装置、混合装置、控制面板、气体均流管道及带有均流网的圆柱形喷口组成。控制面板设有两个阀门，可分别控制燃气和空气的进气量大小；液化气气瓶提供液化石油气；鼓风机提供空气；气体流量计分别测量液化石油气和空气的进气量；气体混合装置将液化石油气与空气混合均匀；5 m 长的均流管可以充分地将预混气体混合更加充分；带有均流网的圆形喷口可以使喷出预混气体流速分布均匀，并且减少管口冷却效应。

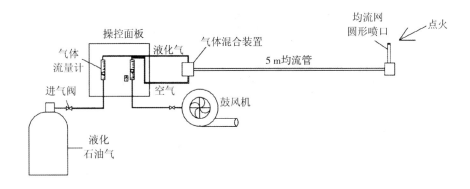

图 4-11　火焰温度及结构测定实验装置

测量装置由标准的铂铑 10-铂热电偶温度计和移动温度计支架组成，如图

4-12 所示。实验使用标准铂铑 10-铂热电偶温度计来测量火焰的温度。其测温范围为 0~1 200 ℃。实验过程中采用电压毫伏表测量热电偶的产生电压差，然后通过查询标准热电偶电势温度对应表可得出对应的温度。实验中使用的移动温度计支架可前后、上下、左右调整温度计位置。通过支架的刻度，可精确地测量不同位置的火焰温度。

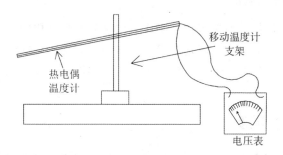

图 4-12　测量装置

三、实验装置

本实验装置如图 4-13、4-14、4-15 所示。

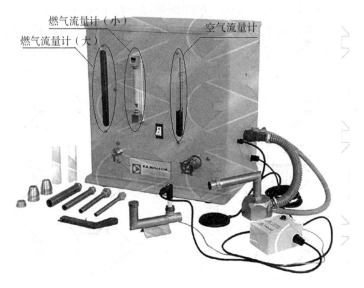

图 4-13　静压法（管子法）测定火焰传播速度装置图

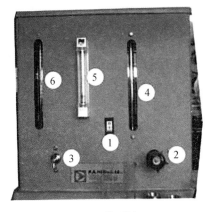
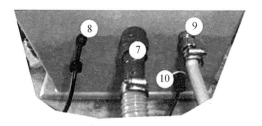

（a）前面板　　　　　　　　　　（b）侧面板

1. 主开关；2. 空气控制阀；3. 气体控制阀；4. 空气流量计；5. 丙烷/丁烷流量计（短）；

6. 甲烷/天然气流量计（长）；7. 空气混合元件；8. 气动开关连接口；

9. 气体混合块；10. 点火器电线；

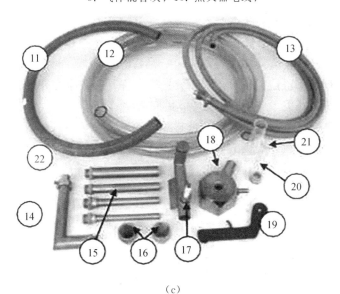

（c）

11. 空气管；12. 火焰速度管；13. 气体管；14. 角度转换器；15. 混合管；

16. 圆锥型稳定器；17. 火焰传播速度点火适配器；

18. 燃烧混合元件；19. 手动点火器；20. 黄铜圈；21. 玻璃管

图 4-14　实验设备零件

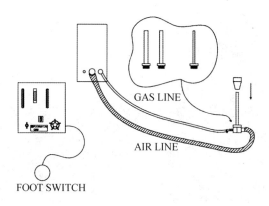

图 4-15　实验设备工作线路图

四、实验步骤

实验前准备工作如下。

（1）检验实验装置的各个阀门是否处在关闭状态。

（2）启动压气机。查验压气机运行是否正常后，查看管路减压阀的压力表是否处在实验要求数值（一般为 0.3～0.4 MPa）。

（3）检验点火器是否正常，实验装置及配件是否齐全和完好。

（4）打开主开关 1。打开空气气体供应源。

（5）开启燃气瓶阀门，查验是否有漏气现象。

（6）把脚放置在开关板上，打开气体控制阀 3。

（7）打开点火器，将其置于喷口。

（8）打开空气控制阀 2，使燃气流入燃烧混合元件 18 与空气进行混合。

（9）观察喷口是否有火焰产生，若无火焰产生，保持点火火焰，并开大燃气阀门。

注意：当操作者把脚从脚踏开关移开，燃气电磁阀会自动关闭，一者可以起到安全的作用，二者可以立即关闭气体进行火焰传播速度的测量。

（10）当火焰产生后，移除点火器火焰，调节阀门至所需要的空气/燃料比。气体的流速可以通过丙烷/丁烷流量计（短）5 或甲烷/天然气流量计（长）6 测量。

（11）当设置好比例后，等待 5 s 左右直到火焰稳定，记录火焰颜色并进行火焰中心温度测量。

（12）改变燃气与空气比例进行再次测量或观察记录火焰颜色及高度。

（13）在实验结束时，先关闭燃气控制阀，等待 2 min 后关闭空气控制阀和主开关。

五、实验数据记录及处理

（1）根据理想气体状态方程式（等温），将燃气和空气测量流量换算成（当地大气压下）喷管内的流量值，然后计算出混合气的总流量，求出可燃混合气在管内的流速 u_s（Ⅱ号长喷管内径 10.0 mm），并求出燃气在混合气中的百分数。

（2）将火焰温度数据填入表 4-14，以火焰温度为纵坐标，以燃气比例为横坐标，绘制温度分布曲线。

六、实验报告要求

（1）给出实验原始数据记录表 4-14。

（2）进行实验数据处理，获得本次实验测定结果。

（3）分析实验结果，给出温度变化规律解释。

表 4-14 不同空气与燃气比下的火焰温度

序号	燃气与空气比例	测点 1	测点 2	测点 3	测点 4	测点 5	测点 6	测点 7	测点 8	测点 9	测点 10
1											
2											
3											

七、思考问题

（1）过量空气系数（空气消耗系数）对火焰温度、火焰传播速度各有什么影响？

（2）当空气过量时，火焰温度分布沿高度方向如何变化？为何？

（3）燃气与空气比例不同时，火焰颜色如何变化？为何？

八、注意事项

注意：当操作者把脚从脚踏开关移开时，燃气电磁阀会自动关闭，这可以起到保障安全的作用。

实验 4.6   燃烧效率测定实验

一、实验目的

燃烧效率也称为燃烬率，是指燃料燃烧后实际放出的热量占其完全燃烧后放出的热量的比值，是判断燃料燃烧充分程度的重要指标。燃烧效率主要取决于燃料自身的特性、燃烧装置及燃烧组织方法等因素。本实验可使学生理解燃烧效率的定义和影响燃烧效率的因素，掌握测量烟气成分含量的方法。

二、实验原理

通过测定燃烧综合实验台的各项不完全燃烧热损失确定燃烧效率，其计算公式如下。

$$\eta = 1 - q_3 - q_4 \tag{4-14}$$

其中：

q_3 为气体不完全燃烧热损失,%；

q_4 为固体不完全燃烧热损失,%；

气体不完全燃烧热损失是指燃烧设备的排烟中残留的可燃气体 CO、H_2、CH_4、C_nH_m 等未燃烧放热而造成的热损失。其可按下式计算。

$$q_3 = \frac{v_{ky}(12600CO + 10800H_2 + 35800CH_4 + 59100C_nH_m)}{Q_r} \tag{4-15}$$

式中：

12 600、10 800、35 800、59 100 分别为 CO、H_2、CH_4、C_nH_m 的热值，kJ/m^3；

CO、H_2、CH_4、C_nH_m、O_2 分别为干烟气中 CO、H_2、CH_4、C_nH_m、O_2 的容积份额,%；

Q_r 为每千克或每标况下每立方米收到基燃料低位发热量；

V_{ky} 为每千克或每标况下每立方米收到基燃料不完全燃烧时产生的干烟气的量，m^3/kg。

V_{ky} 可按下式计算。

$$\begin{aligned}
V_{gy} &= V_{CO_2} + V_{SO_2} + V_{N_2} + V_{O_2} + V_{CO} + V_{H_2} + V_{CH_4} \\
&\quad + V_{C_nH_m}V_{CO_2} + V_{CO} + V_{SO_2} \\
&= V_{RO_2} + V_{CO} = 1.866 \frac{C_{ar} + 0.375S_{ar}}{100}
\end{aligned} \tag{4-16}$$

$$V_{gy} = \frac{V_{CO_2} + V_{SO_2} + V_{CO}}{CO_2 + SO_2 + CO} = \frac{1.866(C_{ar} + 0.375S_{ar})}{RO_2 + CO} \tag{4-17}$$

$$\alpha = \frac{21}{21 - 79\dfrac{O_2 - (0.5CO + 0.5H_2 + 2C_mH_n)}{100 - (RO_2 + O_2 + CO + H_2 + C_mH_n)}} \tag{4-18}$$

在燃料为燃油和燃气时，可认为 H_2、CH_4、C_nH_m 均为 0，只需计算烟气中 CO 的未完全燃烧损失。q_3 的主要影响因素为：燃料的挥发分、炉膛出口过量空气、燃烧器结构及布置、炉膛温度和炉内空气动力工况等。燃烧中挥发分越多，炉内可燃气体量越大，越容易出现气体不完全燃烧，则 q_3 较大。炉膛出口过量空气系数过小，炉内可燃气体可能因没有足够氧而无法燃尽，使得 q_3 增大；若炉膛出口过量空气系数过大则会造成炉膛温度过低，使燃料在炉内停留时间过短或炉内空气动力场不好，导致 q_3 过大。

固体不完全燃烧热损失主要是燃烧过程产生的沉降煤灰、飞灰和炉渣等中的未燃烧或未燃尽的碳所造成的热损失或燃油炉中沉降灰中焦渣、飞灰中炭黑粒子等中的未燃烧或未燃尽的碳所造成的热损失。在燃煤炉中，q_4 是主要的热损失。q_4 通常可由下式计算。

$$q_4 = \frac{33727A_{ar}}{Q_r} \times \left(\frac{a_{lz}C_{lz}}{100 - C_{lz}} + \frac{a_{fh}C_{fh}}{100 - C_{fh}} + \frac{a_{cj}C_{cj}}{100 - C_{cj}} \right) \tag{4-19}$$

式中：

A_{ar} 为燃料中含灰量，%；

α_{lz}、α_{fh}、α_{cj} 为排烟中飞灰、炉渣灰、沉降灰的灰量占总灰分的质量分数；

C_{lz}、C_{fh}、C_{cj} 为排烟中飞灰、炉渣灰、沉降灰中未燃尽的碳含量，%。

$$\alpha_{lz} = \frac{G_{lz}(100 - C_{lz})}{BA_{ar}} \times 100 \tag{4-20}$$

$$\alpha_{fh} = \frac{G_{fh}(100 - C_{fh})}{BA_{ar}} \times 100 \tag{4-21}$$

$$\alpha_{cj} = \frac{G_{cj}(100 - C_{cj})}{BA_{ar}} \times 100 \tag{4-22}$$

式中：

G_{lz}、G_{fh}、G_{cj} 为运行 1 h 的飞灰、炉渣灰及沉降灰量，kg/h；

B 为燃烧设备 1 h 的实际燃料消耗量，kg/h。

在燃煤锅炉实际运行过程中，α_{lz}、α_{cj} 可测定，而 α_{fh} 较难测定，通常通过灰平衡来确定。对于燃油、燃气锅炉，α_{lz}、α_{fh}、α_{cj} 含量均很低，因此多数情况下 $q_4 \approx 0$。

三、实验设备

燃烧综合实验台如图 4-16 所示，该综合实验台可更换燃烧器并进行不同燃料（燃油、燃气）的实验；实验台有可视化的燃烧室，可配置相关参数并进行燃烧效率测定、燃料与空气混合、燃料着火、熄火、火焰传播等实验。实验台主要由燃料系统、燃烧设备本体（小型锅壳式锅炉）、水系统、烟道系统、控制和采集系统（如图 4-17）等组成。

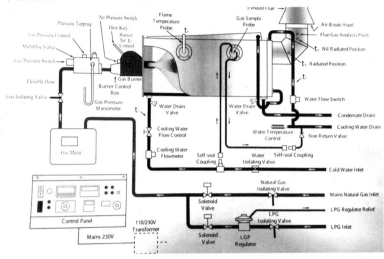

图 4-16　燃烧综合实验台

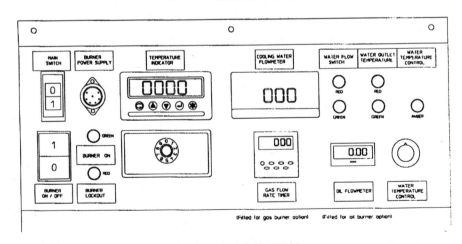

图 4-17　实验台控制面板

燃料系统主要由燃料供给管道、调节设备、燃烧器等部分构成，该实验台备有燃气和燃油燃烧器，可通过切换燃料系统进行燃油、燃气燃烧相关实验。

　　进行燃油实验时，燃油经油泵供给燃烧器，经燃烧器中的燃油喷嘴雾化后燃烧，燃烧生成的高温烟气在鼓风风机的作用下经过燃烧炉膛并将热量传给冷却水，最后由烟囱排入大气。冷却水进入锅壳吸收炉胆中燃料燃烧释放的热量后经出水管道排出。在冷却水管道上装有涡轮流量计和进出口水温测量元件。在炉胆处设有在线烟气分析仪，该仪器可监测炉胆内燃烧完成情况。出口烟道设有烟气分析仪表和温度测量仪表测孔，其可进行烟气成分分析和排烟温度测定。

四、实验步骤

　　(1) 开启门窗，确保实验室通风良好，并确保一氧化碳检测器已工作。

　　(2) 开启实验台主电源。

　　(3) 打开水源供应。缓慢调节冷却水流量控制阀，当水流量大于 200 g/s 时，水流开关灯会变为绿色，水出口温度绿灯亮起。

　　(4) 确保水温控制转盘设定 70~80 ℃。

　　(5) 旋转三通阀到所需燃油箱，打开燃油隔离阀。

　　(6) 利用提供的 4 mm 对边六角形键设定燃烧器空气调节风门至合适位置，通常调至 no1－1.5 的位置；燃油压力可通过调节油泵压力表下的六角螺母调节，范围为 0.8~1.4 MPa。

　　(7) 按下绿色燃烧器 on/off 键，燃烧器风扇会立刻启动。

　　(8) 短时间间隔之后会听到点火火花声，轻轻挤压灌液泵辅助燃油流动，燃烧器会点火，此时可松开手泵。油泵压力表会指示输送油压，绿色燃烧器 on 灯亮起。如果没有点火成功，燃烧器会因火焰中断锁定；如果燃烧器锁定，需要等 30 s 才能按复位键；

　　注：若紧急停机，按下红色燃烧器 on/off 键即可立即停止燃烧器。

　　(9) 实验结束后。

　　①确保关闭燃油隔离阀。

　　②关闭冷水流包括冷水流量阀、冷水隔离阀和水源主阀。

　　③关闭设备主开关。

五、实验数据记录及处理

　　表 4-15 和表 4-16 分别为测量参数和燃料特性参数。

表 4-15　燃烧效率测定实验项目及其测量仪表

序号	实验测量项目	测量仪表	数值
1	燃油耗量	燃油流量计	
2	冷却水流量	冷却水流量计	
3	锅炉进口水温	Pt100 电阻温度计	
4	锅炉出口水温	Pt100 电阻温度计	
5	锅炉排烟温度	Pt100 电阻温度计	
6	外焰温度	Pt100 电阻温度计	
7	内焰温度	Pt100 电阻温度计	
8	NO	烟气分析仪	
9	CO_2	烟气分析仪	
10	CO	烟气分析仪	
11	O_2	烟气分析仪	

表 4-16　轻柴油燃料特性

序号	项目名称	符号	数值
1	收到基含碳量/%	C_{ar}	85.55
2	收到基含氢量/%	H_{ar}	13.49
3	收到基含氧量/%	O_{ar}	0.66
4	收到基含氮量/%	N_{ar}	0.04
5	收到基含硫量/%	S_{ar}	0.25
6	收到基含灰量/（kJ/kg）	A_{ar}	0.01
7	低位发热量/（J/g）	Qr	42 900

六、实验报告要求

（1）给出实验原始数据记录。

（2）进行实验数据处理，获得本次实验测定结果。

（3）实验结果分析：与理论知识相结合，对实验结果及误差产生原因进行分析。

七、思考问题

（1）影响燃油锅炉与燃煤锅炉燃烧效率的因素有哪些？分别如何影响？

（2）什么是锅炉设备效率？其确定方法有哪几种？燃烧效率高的锅炉，设备效率一定高吗？

八、注意事项

（1）根据实验要求，严格按步骤操作实验，若有异常情况，按下红色燃烧器 on/off 键立即停止燃烧器。

（2）仪器若出现故障应及时切断电源，请试验老师检修并排除故障后方可继续使用，以防止发生意外。

实验 4.7 火焰传播速度测定实验

一、实验目的

（1）理解火焰传播速度的概念，掌握静压法（管子法）测量火焰传播速度的原理和方法。

（2）测定液化石油气的层流火焰传播速度。

（3）掌握不同的气/燃比对火焰传播速度的影响，测定出不同燃料百分数下火焰传播速度的变化曲线。

二、实验原理

层流火焰传播速度是燃料燃烧的基本参数。正常法向火焰传播速度定义为在垂直于层流火焰前沿面方向上，火焰前沿面相对于未燃混合气的运动速度。在一定的气流量、浓度、温度、压力和管壁散热情况下，当点燃一部分燃气-空气混合物时，在着火处形成一层极薄的燃烧火焰面。这层高温燃烧火焰面加热相邻的燃气-空气混合物，使其温度升高，当达到着火温度时，就开始着火形成新的焰面。这样，焰面就不断向未燃气体方向移动，使每层气体都相继经历加热、着火和燃烧过程，即燃烧火焰锋面与新的可燃混合气及燃烧产物之间进行着热量交换和质量交换。层流火焰传播速度的大小由可燃混合物的物理化学特性决定，所以它是一个物理化学常数。

测量火焰传播速度的方法很多，如静压法（管子法）、本生灯法、定容球法、肥皂泡法和粒子示踪法等。本试验装置是用静压法（管子法）进行测定。

三、实验设备

本实验装置如图 4-18、4-19、4-20 所示。

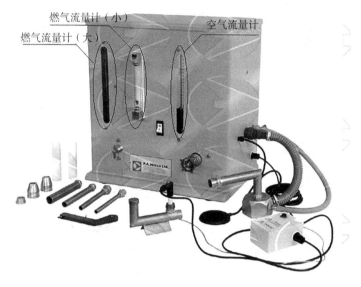

图 4-18 静压法（管子法）测定火焰传播速度装置图

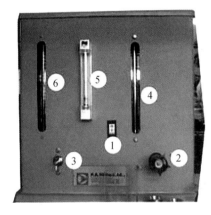

（a）前面板

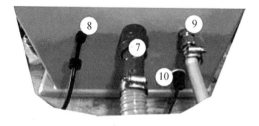

（b）侧面板

1. 主开关；2. 空气控制阀；3. 气体控制阀；4. 空气流量计；5. 丙烷/丁烷流量计（短）；
6. 甲烷/天然气流量计（长）；7. 空气混合元件；8. 气动开关连接口；
9. 气体混合块；10. 点火器电线；

图 4-19 实验设备零件

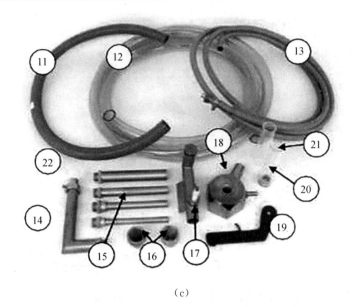

（c）

11. 空气管；12. 火焰速度管；13. 气体管；14. 角度转换器；15. 混合管；

16. 圆锥型稳定器；17. 火焰传播速度点火适配器；

18. 燃烧混合元件；19. 手动点火器；20. 黄铜圈；21. 玻璃管

图 4-19 实验设备零件（续）

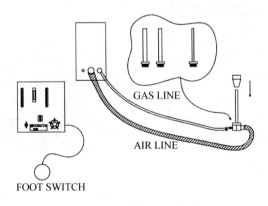

图 4-20 实验设备工作线路图

四、实验步骤

（一）实验前准备工作

（1）检验实验装置的各个阀门是否处在关闭状态。

（2）启动压气机。查验压气机运行是否正常后，查看管路减压阀的压力表是否处在实验要求数值（一般为 0.3～0.4 MPa）。

（3）开启燃气瓶阀门，查验是否有漏气现象。

（4）检验点火器是否正常，实验装置及配件是否齐全和完好。

（二）实验步骤操作

（1）打开主开关 1。打开气体供应源。

（2）打开空气控制阀 2，确保空气流进燃烧混合元件 18。

（3）把脚放置在开关板上，打开气体控制阀 3。

（4）使用手动点火器 19，在燃烧器内点燃混合物。注意：当操作者把脚从脚踏开关移开，燃气电磁阀会自动关闭，一者可以起到安全的作用，二者可以立即关闭气体进行火焰传播速度的测量。

（5）当火焰产生后，调节控制元件来得到想要的空气/燃料比。气体的流速可以通过流速计丙烷/丁烷流量计（短）5 或甲烷/天然气流量计（长）6 测量。

（6）当设置好比例后，等待 5 s 左右直到火焰稳定，然后完全关闭空气和气体控制阀，从脚踏开关移开脚。同时按下点火按钮（在远程点火箱上）。注意：需要 2 个操作人员，一个操作空气/燃料比例控制器，点火的同时关闭它们，另一个操作点火单元，操作秒表来确定在火焰速度管 12 上需要测量的参考点直接的火焰传播的时间。

（7）重复步骤 36，测试不同空气/燃料比例下的火焰传播速度。

（8）实验结束时，关闭气体控制阀，等待 2 min 后关闭空气控制阀和主开关。

五、实验数据记录及处理

（1）根据理想气体状态方程式（等温），将燃气和空气测量流量换算成（当地大气压下）喷管内的流量值，然后计算出混合气的总流量，求出可燃混合气在管内的流速 u_s（Ⅱ号长喷管内径 10.0 mm），并求出燃气在混合气中的百分数。

（2）计算火焰传播速度 u_0，将有关数据填入表 4-17 内，以火焰传播速度为纵坐标，绘制火焰传播速度相对于燃气百分比的曲线。

六、实验报告要求

实验数据与结果：包括原始数据记录表、计算结果，如表 4-17。

表 4-17　不同空气/燃气比下的火焰传播速度

| 序号 | 空气/燃气比例 | 燃气测量值 | | 空气测量值 | | 折算流量 | | 总流量 q_v/（mL/s） | 秒表时间/s | 火焰传播速度 u_0/（cm/s） |
		压力/Pa	流量/（mL/s）	压力/Pa	流量/（mL/s）	燃气/（mL/s）	空气/（mL/s）			
1										
2										
3										
4										
5										
6										
7										

七、思考问题

（1）静压法（管子法）观察到的火焰有哪些特征？为什么？

（2）过量空气系数（空气消耗系数）和预热空气温度对火焰的燃烧温度、火焰传播速度各有什么影响？

（3）倘若管子无限长且管内充满了可燃混合气，一端闭口，一端开口；在开口端点火，产生移动火焰锋面，请叙述将会出现怎么样的燃烧现象。

八、注意事项

注意：当操作者把脚从脚踏开关移开，燃气电磁阀会自动关闭，一则可以起到安全的作用，二则可以立即关闭气体进行火焰传播速度的测量。

实验 4.8　燃烧热平衡实验

一、实验目的

(1) 理解燃烧热平衡对锅炉设备的意义。
(2) 了解燃烧热平衡的分类和原理。
(3) 掌握正反平衡的确定方法和常用计算公式。

二、实验原理

　　锅炉设备的作用是使送入炉内的燃料燃烧释放出热量，依次产生一定温度、压力的蒸汽。送进炉内的燃料不可能完全燃烧放热，而放出的热量也不可能全部被利用，必然有一部分能量会以不同的方式损失掉。按照能量守恒的原则，送入炉内的燃料所拥有的热量应该与被利用的热量及各项损失的热量之和相等。即"输入热量＝输出热量＋各项损失的热量"，这就是所谓的锅炉设备的热平衡。

　　锅炉热平衡是研究燃料的热量在锅炉中利用的情况，有多少被有效利用，有多少变成了热损失，这些损失又表现在哪些方面及它们产生的原因。研究的目的是为了有效地提高锅炉热效率。一般通过对锅炉进行热平衡试验来全面评定锅炉的工作状况，并可获得对锅炉进行设计及改进运行的可靠依据。

　　热平衡实验根据进行方式不同可分为正平衡和反平衡。正平衡是直接测量锅炉的输入热量和输出热量，可按以下式子进行计算。

$$锅炉效率＝输出热量／输入热量×100\％ \tag{4-23}$$

　　反平衡不需测定输出热量，而是测定各项热损失，并按下式计算得到

$$锅炉效率＝(1－各项热损失之和／输入热量)×100\％ \tag{4-24}$$

　　锅炉正平衡只能求得锅炉的热效率，不能据此研究和分析影响锅炉热效率的种种因素。而反平衡则是依据对各种热损失的测定来计算锅炉热效率。本实验装置可同时测得正平衡和负平衡时的锅炉热效率。

　　锅炉热平衡是以 1 kg 固体或液体燃料（气体燃料以 1 Nm³）为单位组成热量平衡的。锅炉热平衡的公式如下。

$$Q_r ＝Q1＋Q2＋Q3＋Q4＋Q5＋Q6 （kJ/kg） \tag{4-25}$$

　　在等式两边分别除以 Q_r，则锅炉热平衡就以带入热量的百分数来表示，如下式。

$$1 = q_1 + q_2 + q_3 + q_4 + q_5 + q_6 (\%) \tag{4-26}$$

以上式中：Q_r 为每公斤燃料带入锅炉的热量，或称输入热量，kJ/kg；

Q_1 为锅炉有效利用热量，kJ/kg；

Q_2 为排除烟气带走的热量，称为锅炉排烟热损失，kJ/kg；

Q_3 为未燃完可燃气体所带走的热量，称为气体不完全燃烧损失，kJ/kg；

Q_4 为未燃完可燃固体所带走的热量，称为固体不完全燃烧损失，kJ/kg；

Q_5 为锅炉散热损失，kJ/kg；

Q_6 为灰渣物理热损失及其他损失，kJ/kg。

其中，输入热量 Q_r 的计算公式如下。

$$Qr = Q_{net,v,ar} + Q_{ex} + Qf + Q_{pu} \tag{4-27}$$

式中：

$Q_{net,v,ar}$ 为收到基低位发热量，kJ/kg；

Q_{ex} 为加热燃料或外来热量，kJ/kg；

Q_f 为燃料物理热，kJ/kg；

Q_{pu} 为自用蒸汽带入热量，kJ/kg。

一般情况下：$Qr = Qnet,v,ar$。

本实验装置采用轻柴油作为燃料，燃料特性如表 4-18 所示。

表 4-18 燃料特性表（轻柴油）

序号	项目名称	符号	数值
1	收到基含碳量/%	C_{ar}	85.55
2	收到基含氢量/%	H_{ar}	13.49
3	收到基含氧量/%	O_{ar}	0.66
4	收到基含氮量/%	N_{ar}	0.04
5	收到基含硫量/（kJ/kg）	S_{ar}	0.25
6	收到基含灰量/（kJ/kg）	A_{ar}	0.01
7	收到基低位发热量/（kJ/kg）	$Q_{net,v,ar}$	42 900

三、实验设备

燃烧综合实验台如图 4-21 所示，该综合实验台可更换燃烧器并进行不同燃料（燃油、燃气）的实验；实验台有可视化的燃烧室，可配置相关参数并进行燃烧效率测定、燃料与空气混合、燃料着火、熄火、火焰传播等实验。实验台主要由燃料系统、燃烧设备本体（小型锅壳式锅炉）、水系统、烟道系统、控制和采集系统（如图 4-22）等组成。

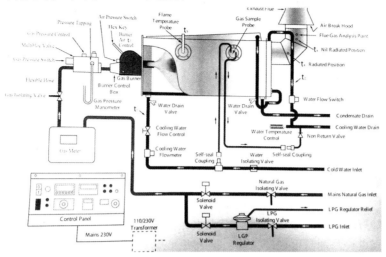

图 4-21　燃烧综合实验台

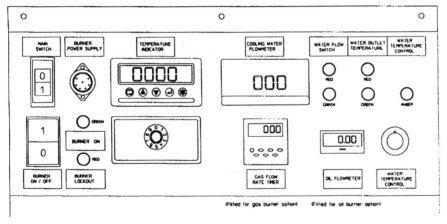

图 4-22　实验台控制面板

　　燃料系统主要由燃料供给管道、调节设备、燃气器等部分构成，该实验台备有燃气和燃油燃烧器，可通过切换燃料系统进行燃油、燃气燃烧相关实验。

　　进行燃油实验时，燃油经油泵供给燃烧器，经燃烧器中的燃油喷嘴雾化后燃烧，燃烧生成的高温烟气在鼓风风机的作用下经过燃烧炉膛并将热量传给冷却水，最后由烟囱排入大气。冷却水进入锅壳吸收炉胆中燃料燃烧释放的热量后经出水管道排出。在冷却水管道上装有涡轮流量计和进出口水温测量仪表。在炉胆处设有在线烟气分析仪，其可监测炉胆内燃烧完成情况。出口烟道设有烟气分析仪表和温度测量仪表测孔，其可进行烟气成分分析和排烟温度测定。

四、实验步骤

（1）开启门窗，确保实验室通风良好，并确保一氧化碳检测器已工作。

（2）开启实验台主电源。

（3）打开水源供应。缓慢调节冷却水流量控制阀，大约 200 g/s。水流开关灯会变为绿色，水出口温度绿灯亮起。

（4）确保水温控制转盘设定到 80 ℃。

（5）旋转三通阀到所需燃油箱，打开燃油隔离阀。

（6）利用提供的 4 mm 对边六角形键，设定燃烧器空气调节风门到大约 no1－2 位置。

（7）按下绿色燃烧器 on/off 键，燃烧器风扇会立刻启动。

（8）短时间间隔之后会听到点火火花声，轻轻挤压灌液泵辅助燃油流动，燃烧器会点火，此时可松开手泵。泵压力表会指示输送压力，绿色燃烧器 on 灯亮起。如果没有点火成功，燃烧器会因火焰中断锁定。

（9）如果燃烧器锁定，需要等 30 s 才能按复位键。

（10）燃烧器现在正常工作，燃油流速可通过调节油泵压力表下的螺母调节，范围为 8～14 MPa。空气通过燃烧器空气调节风门调节（用提供的 4mm 六角键）。

（11）燃烧器喷嘴可沿轴向前后移动，这样可改变火焰形状和并调节空气流量（除了主空气调节风门）。转动螺钉，调节喷嘴座的位置，逆时针转动来减少空气流量。

注：若要紧急停机，按下红色燃烧器 on/off 键即可立即停止燃烧器。

（12）关闭燃烧器。

①确保关闭燃油隔离阀。

②关闭冷水流，包括冷水流量阀、冷水隔离阀和水源主阀。

③关闭设备主开关。

五、实验数据处理

（一）采用正平衡测量法时锅炉热效率的计算

$$\eta_1 = \frac{G(h_{ow} - h_{fw.h})}{B \cdot Qr} \times 100\% \tag{4-28}$$

式中：

η_1 为正平衡效率，%；

G 为循环水流量，kg/h；

h_{ow} 为出水焓值，kJ/kg；

$h_{fw.h}$ 为进水焓值，kJ/kg；

B 为燃料消耗量，kg/h。

数据记录表如表 4-19 所示。

表 4-19　正平衡测量数据记录表

序号	项目名称	符号	数值
1	循环水流量/（kg/h）	G	
2	出水温度/％	t_{out}	
3	出水焓值/（kJ/kg）	h_{ow}	
4	进水温度/％	t_{in}	
5	进水焓值/（kg/h）	$h_{fw.h}$	
6	燃料消耗量/（kJ/kg）	B	
7	正平衡效率/％	η_1	

（二）采用反平衡测量法时锅炉热效率的计算

数据记录表及计算公式如表 4-20 所示。

对于燃油、燃气锅炉，α_{lz}、α_{fh}、α_{cj} 含量均很低，因此多数情况下 $q_4 = 0$。q_5、q_6 亦很小，也可忽略。

表 4-20　反平衡测量数据记录表

序号	项目名称	符号	数据来源或计算公式	数值
1	排烟焓值/（kJ/kg）	h_{py}	$V_{gy}c_{gy}t_{py} + V_{H2O}c_{H2O}t_{py}$	
2	干烟气比热容/（kJ/m³·℃）	c_{gy}	经验值	1.15
3	干烟气体积/（m³/m³）	V_{gy}	$V_{RO2} + V_{N2}^0 + (\alpha_{py}-1)V^0$	
4	RO₂ 容积/（m³/m³）	V_{RO2}	$1.866\dfrac{C_{ar} + 0.375S_{ar}}{100}$	
5	理论氮气体积/（m³/m³）	V_{N2}^0	$0.79V^0 + \dfrac{0.8N_{ar}}{100}$	
6	理论空气量/（m³/m³）	V^0	$0.0889(C_{ar} + 0.375S_{ar}) + 0.265H_{ar} - 0.033O_{ar}$	
7	过量空气系数	α_{py}	实测值	
8	排烟气水蒸气体积/（m³/m³）	V_{H2O}	$V_{H2O}^0 + 0.0161(\alpha_{py}-1)V^0$	

续　表

序号	项目名称	符号	数据来源或计算公式	数值
9	理论水蒸气容积/（m³/m³）	$V^0_{H_2O}$	$0.111H_{ar}+0.0124M_{ar}+0.0161V^0$	
10	水蒸气比热容/（kJ/m³·℃）	c_{H_2O}	查表并用差值法计算	1.52
11	排烟温度/℃	t_{py}	实测值	
12	进口冷空气焓值/（kJ/kg）	h_{lk}	$\alpha_{py}V^0c_{lk}t_{lk}$	
13	进口冷空气比热容/（kJ/m³·℃）	c_{lk}	查表并用差值法计算	1.32
14	进口冷空气温度/℃	t_{lk}	实测值	
15	排烟处 CO 所占比例/%	CO'	实测值	
16	排烟处 H_2 所占比例/%	H'_2	实测值	
17	排烟处 C_mH_n 所占比例/%	$C_mH'_n$	实测值	
18	排烟热损失/%	q_2	$q_2=\dfrac{h_{py}-h_{lk}}{Qr}\times100$	
19	气体不完全燃烧热损失/%	q_3	$\dfrac{V_{gy}}{Q_r}\times(126.36CO'+107.98H'_2+358.18C_mH'_n)$ $\times100$	
20	反平衡效率/%	η_2	$\eta_2=100-(q_2+q_3+q_4+q_5+q_6)\%$	

六、实验报告要求

实验数据与结果：包括原始数据记录表、计算过程及计算结果。

七、思考问题

（1）影响排烟热损失的因素有哪些？如何减小排烟热损失？

（2）在实验过程中，正平衡效率相对反平衡效率差值是多少？分析哪个效率更能正确反映此综合实验台的效率，为什么？

八、注意事项

（1）根据实验要求，严格按步骤操作实验，若有异常情况，按下红色燃烧器 on/off 键立即停止燃烧器。

（2）仪器若出现故障应及时切断电源，请试验老师检修并排除故障后方可继续使用，以防止发生意外。

实验 4.9　燃油雾化性能测试实验

一、实验目的

（1）掌握液体燃料燃烧的基本过程。

（2）掌握液体燃料雾化的过程、机理及常见的雾化方式。

（3）掌握液体燃料雾化性能的评价指标。

二、实验原理

雾化过程就是把液体燃料破碎成细小液滴群的过程。雾化过程是一极为复杂的物理过程，它与流体的湍流扩散、液滴穿透气体介质时所受到的空气阻力等因素有关。雾化过程可分为以下几个阶段：液体由喷嘴流出形成液体柱和液膜；由于液体射流本身的初始湍流记忆周围气体对射流的作用（脉动、摩擦等），因此液体表面产生波动，并最终分离为液体碎片和细丝；在表面张力的作用下，液体碎片和细丝收缩成球形液滴；在气动力作用下，大液滴进一步碎裂成小液滴，如图 4-23 所示。

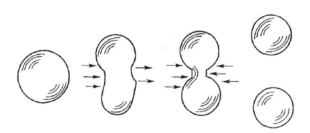

图 4-23　小液滴形成示意图

工程上常见的雾化方式有压力式、旋转式和气动式。压力式雾化喷嘴又称离心式机械雾化器，它的工作原理是：液体燃料在一定压力差作用下沿切向孔进入喷嘴旋流室，在其中产生高速旋转并获得转动量，这个旋转转动量可以保持到喷嘴出口。当燃油流出孔口时，壁面约束突然消失，于是在离心力作用下射流迅速扩展，从而雾化成许多小液滴。压力雾化式工作示意图如图 4-24 所示。

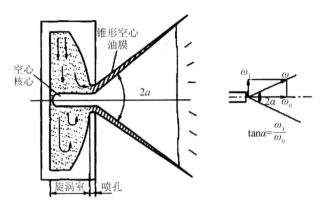

图 4-24　压力雾化式工作示意图

评价液体雾化性能的主要指标有雾化角、雾化液滴细度、雾化均匀度、喷雾射程、流量密度分布。

正确雾化的形式如图 4-25 所示，燃油在喷出后呈云雾状。燃油被分解成很小的微粒，均匀地喷洒到燃烧室中。当雾化燃油接触燃烧火焰后，就会迅速而均匀地燃烧，从而使整个燃烧室内的温度稳定而又可控地上升。SprayView冲击板将不会显示有一股油流冲击，而是呈均匀分布的一层油膜。对所有六个喷射器进行检测，确认都是如此。

图 4-25　正确的雾化方式

不正确雾化如图 4-26 所示，将表现为燃油从喷射器喷出后呈"流"状而非"云雾"状，外表如同一个水龙头喷油一样。油流会集中在一个区域内燃烧，将导致局部温度过高而损坏发动机。SprayView 冲击板将显示有一股油流冲击，而不是呈均匀分布的一层油膜。对所有六个喷射器进行检测，确认都不是如此。如果测试的燃油雾化情况不佳，不要在 SR-30 上使用。

图 4-26　不正确的雾化方式

三、实验装置

SprayView 燃油雾化验证系统用于 TTL 生产的 SR-30 燃气轮机燃油雾化效果测试,其设计已经包含一个内置的发动机雾化歧管,可在燃油进入燃气轮机燃烧之前对其雾化特性进行预测试。当需要使用 Minilab 或 TurboGen 测试替代燃料配方如生物柴油时,恰当的雾化验证就变得特别重要。不恰当的雾化状态表示该燃油配方并不与当前发动机燃油喷射系统相匹配。使用这些非相容燃油配方运行发动机可能会使发动机损坏。

该系统还可使用实际的 SR-30 发动机燃油雾化上歧管测试其是否工作正常。可检查喷嘴上是否形成污垢,并可方便地进行清洗,以便在发动机上持续稳定工作。用这种方式对发动机进行周期性检查,尤其是测试实验燃油配方时,能减少喷油器堵塞的情况发生,并消除潜在发动机运行问题。其具体结构如图 4-27 所示。

1. 喷嘴;2. 总开关;3. 真空泵开关;4. 燃油泵开关;5. 燃油喷射控制器;
6. 流量计;7. 压力计;8. 冲击板;9. 脚轮。
图 4-27　燃油雾化性能实验装置结构图

四、实验步骤

（1）预启动。

①确认设备位于正确的测试区域。

②锁定脚轮。

③确认主钥匙开关关闭。

④确认正确的电源和电源插头。

⑤确认设备处于通风良好区域，或连接到尾气处理系统。

⑥卸下并打开油箱盖。

⑦倒入测试燃油，燃油量最大 8 L。

⑧拧紧油箱盖。

⑨确认燃油歧管和接头已牢固，空气进口槽开启。

⑩确认燃油喷射控制器处于打开位置。

（2）打开主开关。

（3）向上滑拨真空和泵面板开关到开启位置。

（4）观察雾化云特性。

（5）调节燃油喷射控制器，观察燃油雾化变化。

（6）向上拉动和扭转观察室上部的把手，将冲击板定位到雾化云下方。

（7）按下按钮激活发光二极管（Light-Emitting Diode，LED）灯。

（8）监视燃油压力和流量。

（9）观察完毕，将冲击板降到观察室底部。

（10）关闭燃油泵开关，然后关闭真空开关，关闭主开关。

五、实验报告要求

实验数据与结果：包括原始数据记录表、计算过程及计算结果。

六、思考问题

（1）对于压力式雾化方式，液体燃料流量对雾化角度有什么影响？

（2）比较几种常见的雾化方式，思考它们各自的特点。

七、注意事项

（1）根据实验要求，严格按步骤操作实验，若有异常情况，关闭总开关。

（2）仪器若出现故障应及时切断电源，请试验老师检修并排除故障后方可继续使用，以防止发生意外。

第五章　传热学实验

实验 5.1　稳态球体法测定粒状材料导热系数实验

一、实验目的

通过本实验使学生了解用球体法测定材料导热系数的基本原理和方法，熟悉实验设备的使用方法和适用范围，掌握用于本实验被测材料必须具备的条件。

二、实验原理

球体法测材料的导热系数是基于等厚度球状壁的一维稳态导热过程，它特别适用于粒状松散材料。球体导热仪的构造依球体冷却的不同可分为空气自由流动冷却和恒温液体强制冷却两种。本实验属后一种恒温水冷却液套球体方式，原理图如图 5-1。

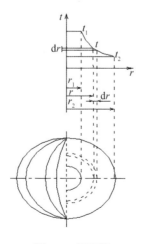

图 5-1　原理图

测定材料导热系数的方法可分为稳态和非稳态两种。对于测定材料导热系数的稳态法，通常根据被测材料的物理特性或条件来设计制造导热系数的测量装置。常用的有球体法、平板法、圆柱或圆管法等。而测定材料导热系数的非稳态法，则根据加热方式的不同分为正规状态法、线热源法、片面热源法和闪光法等。球体法测材料的导热系数是基于等厚度球状壁的一维稳态导热过程，它特别适用于粒状松散材料。

球体导热装置是按球壁一维稳定导热原理设计的。在两直径不同的同心圆球可组成的空腔内（球壁很薄），均匀充满一定容重的颗粒状被测试材。内球装有一个电加热器，产生热量 Q，沿圆球表面法线方向通过颗粒状材料向外传递热量。由于内外球是完全同心的，被测试件是均质的，且内外两球外表面的温度是均匀的，通过试材的导热过程可视为一维导热。

图 5-1 所示球壁的内径直径分别为 d_1 和 d_2（半径为 r_1 和 r_2）。设球壁的内外表面温度分别为 t_1 和 t_2，并稳定不变。将傅里叶导热定律应用于此球壁的导热过程可得如下公式。

$$Q = -\lambda F \frac{\mathrm{d}t}{\mathrm{d}r} = -\lambda \cdot 4\pi r^2 \frac{\mathrm{d}t}{\mathrm{d}r} \tag{5-1}$$

边界条件如图 5-1 所示。$r = r_1$ 时，$t = t_1$；$r = r_1$ 时，$r = r_1$。

由于在不太大的温度范围内，大多数工程材料的导热系数随温度的变化可按直线关系处理，对式（5-1）积分并代入边界条件，得如下公式。

$$Q = \frac{\pi d_1 d_2 \lambda_m}{\delta}(t_1 - t_2) \tag{5-2}$$

或

$$\lambda_m = \frac{Q\delta}{\pi d_1 d_2 (t_1 - t_2)} \tag{5-3}$$

式中：

Q 为电加热热量，W；

δ 为球壁之间材料厚度，$\delta = \dfrac{d_2 - d_1}{2}$，m；

λ_m 为 $t_m = \dfrac{t_1 + t_2}{2}$ 时球壁之间材料的导热系数，W/m·℃。

因此，实验时应测出内外球壁的温度 t_1 和 t_2，然后可由式（5-3）得出 t_m 时材料的导热系数 λ_m。如设导热系数与温度有一定的函数关系，即 $\lambda = f(t)$，则测定不同 t_m 下的 λ_m 值就可获得导热系数随温度变化的关系式。

三、实验装置

球体法测定材料导热系数实验装置如图 5-2 所示，主体部分由两个薄壁的空心同心圆球组成，内球壳外径 $d_1 = 80$ mm，外球壳内径 $d_2 = 190$ mm，在两球壳之间均匀充填粒状散料，故充填材料厚为 55 mm。内壳中装有电加热器，它产生的热量将通过球壁充填材料导致外球壳。为使内外球壳同心，两球壳之间有支承杆。

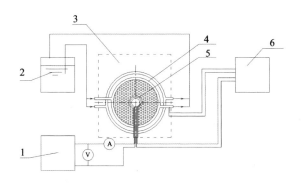

1. 稳压电源；2. 恒温水浴；3. 保温箱；4. 球 d_2；5. 球 d_1；6. 测量仪表。

图 5-2　球体法测定材料导热系数实验装置图

外球壳的散热方式一般有两种：一种是以空气自由流动方式（同时有辐射）将热量从外壳带走；另一种是外壳加装冷却液套球，套球中通以恒温水或其他低温液体作为冷却介质。本实验为双水套球结构。为使恒温液套球的恒温效果不受外界环境温度的影响，在恒温液套球之外再加装一个保温液套球。保温液套与稳态平板法一样，利用球体导热仪的设备亦可测量材料的导温系数。在内外球的壁面上装有热电阻，用于测量内外球的表面温度。

四、实验步骤

（1）球壁腔内的试验材料应均匀地充满整个空腔。充填前注意测量球壳的直径，充填后应记录试料的质量，以便准确记录试料的容积质量（kg/m³）。装填试料还应避免碰断内球壳的热电偶及电源线，并特别注意保持内外球壳同心。

（2）改变电加热器的电压，即改变导热量，t_m 将随之发生变化，代入公式（5-3）计算，从而可获得不同 t_m 下的导热系数。对于有恒温液套冷却的导热仪，还可通过改变恒温液温度来改变实验工况。

（3）注意事项如下。

①实验过程中，禁止任意挪动仪器。

②球体在实验期间必须远离热源，室温应尽量保持不变，避免日光直射

球壳。

③防止人员走动、风等对球壳表面空气自由流动的干扰，以使外球壳的自然对流状态稳定，这样才能在试件内建立一维稳态温度场。

五、实验数据

实验应在充分热稳定的条件下记录各项数据，每一工况记录三组数据。将每一工况所得的三次数据进行平均，如温度、加热功率等，然后根据式（5-3）计算相应工况下的导热系数，并将其回归成导热系数与平均温度的函数关系式，按 $\lambda=\lambda_0(1+bt)$ 整理，确定 λ_0 及 b 值，最后将测量结果标绘在以 λ 为纵坐标、以 t 为横坐标的图中。

表 5-1　实验数据记录表

参数	公式及符号	1	2	3
电流/A	I			
电压/V	U			
球内温度/℃	t_1			
进水温度/℃	$t_{进}$			
出水温度/℃	$t_{出}$			
外球内表面温度/℃（按进出水温平均值计算）	t_2			

六、思考题

（1）试分析材料充填不均匀所产生的影响。

（2）试分析内、外球壳不同心所产生的影响。

（3）内、外球壳之间有支承杆，试分析这些支承杆的影响。

（4）如果用空气自由流动冷却的球体，试分析室内空气不平静（有风）时会产生什么影响。

（5）有哪些方法可用来判断球体导热过程已达到热稳定状态？

（6）采用恒温液套球时，为什么可以把恒温液的温度当作外球壳的表面温度？

（7）球体导热仪在计算导热量时，是否需要考虑热损的问题？

（8）对于采用空气自由流动冷却的球体，试按测得的数据计算圆球表面自由对流换热系数（从加热功率中减去表面辐射散热量，即为自由对流换热量。辐射散热量的计算方法可参见相关教材）。

（9）球体导热仪从加热开始到热稳定状态所需时间长短取决于哪些因素？

七、实验报告要求

（1）数据整理：包括原始数据记录表、计算结果、拟合回归公式、导热系数随温度变化的曲线。

（2）实验结果误差分析。

（3）通过本实验的学习，请提出对实验台的改进建议。

实验 5.2 液体导热系数测定实验

一、实验目的

（1）用稳态法测量液体的导热系数。

（2）了解实验装置的结构和原理，掌握液体导热系数的测试方法。

二、工作原理

液体导热系数测定的工作原理如图 5-3 所示。

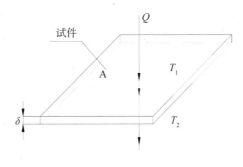

图 5-3 原理图

平板试件（这里是液体层）的上表面受一个恒定的热流强度 q 均匀加热，有下式。

$$q = Q/A \quad [W/m^2] \tag{5-4}$$

根据傅里叶单向导热过程的基本原理，单位时间通过平板试件面积 A 的热流量 Q 如下。

$$Q = \lambda \left(\frac{T_1 - T_2}{\delta} \right) A \tag{5-5}$$

从而，试件的导热系数 λ 如下式

$$\lambda = \frac{Q\delta}{A(T_1 - T_2)} \tag{5-6}$$

式中：Q 为通过时间的热流量，W；

A 为试件垂直于导热方向的截面积，m^2；

T_1 为被测试件热面温度，℃；

T_2 为被测试件冷面温度，℃；

Δ 为被测试件导热方向的厚度，m；

λ 为被测时间导热系数，W/m·K。

三、实验装置

本实验的装置如图 5-4 所示，主要由循环冷却水槽、上下均热板、测温热电偶及其温度显示部分、液槽等组成。为了尽量减少热损失，提高测试精度，本装置采取以下措施。

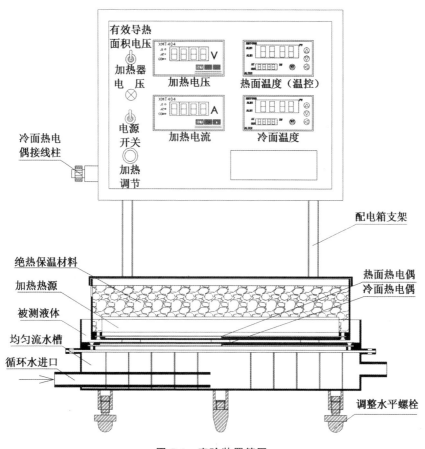

图 5-4 实验装置简图

（1）设置隔热层进行绝热，使绝大部分热量只向下部传导，上部热损失可以忽略。

（2）为了减小和避免由于热量向周围扩散引起的误差，取电加热器中心部分（直径 $D=0.13$ m）作为热量的测量和计算部分，相同电阻率的同根电阻丝在周边作为辅助加热。

（3）在加热器底部设均热板，以使被测液体热面温度（T_1）更趋均匀。

（4）设置循环冷却水槽，以使被测液体冷面温度（T_2）恒定（与水温接近）。

（5）被测液体的厚度δ是通过放在液槽中的垫片来确定的，为防止液体内部对流传热的发生，一般取垫片厚度$2\sim3$ mm。

四、实验步骤

（1）将选择好的三块厚度相同的垫片按等腰三角形均匀地摆放在液槽内（约为均热板接近边缘处）。

（2）将被测液体缓慢地注入液槽中，直至淹没垫片约0.5 mm为止，然后旋转装置底部的调整螺丝，并观察被测液体液面，使被测液体液面均匀淹没三片垫片。

（3）将上面加热本体及配电箱轻轻放在垫片上。

（4）连接热电偶至接线柱上。

（5）接通循环冷却水槽上的进出水管，并调节水量。

（6）接通电源，由小至大逐渐调整有效导热面积电压V_2至合适值，电流不超过2.5 A（注意热面温度不得高于被测液体的闪点温度）。

（7）人工测量每隔5 min左右从温度读数显示器上记下被测液体冷、热面的温度值（℃）。建议将它们记入如表5-2，并标出各次的温差$\Delta T = T_1 - T_2$。当连续四次温差值的波动≤1 ℃时，实验即可结束。

（8）实验完毕后切断电源，待试件冷却至室温后关闭水源。

五、实验数据

（1）有效导热面积A的计算式如下。

$$A = \frac{\pi D^2}{4}(\text{m}^2) \tag{5-7}$$

（2）平均传热温差$\overline{\Delta T}$的计算式如下。

$$\overline{\Delta T} = \frac{\sum\limits_{1}^{4}(T_1 - T_2)}{4}(\text{℃}) \tag{5-8}$$

（3）单位时间通过面积A的热流量Q的计算式如下。

$$Q = V_2 \cdot I(\text{W}) \tag{5-9}$$

（4）液体的导热系数λ的计算式如下。

$$\lambda = \frac{Q \cdot \delta}{A \cdot \overline{\Delta T}}(\text{W/m} \cdot \text{K}) \tag{5-10}$$

上面式中：

D 为电加热器热量测量部位的直径（取 $D=0.13$ m），m；

T_1 为被测液体热面温度，K；

T_2 为被测液体冷面温度，K；

V_2 为热量测量部位的电位差，V；

I 为通过电加热器电流，A；

δ 为被测液体厚度，m。

表 5-2 数据记录表

有效导热面积电压 V_2													
加热器电流 I													
N_0	1	2	3	4	5	6	7	8	9	10	11	12	13
T/min	0	5	10	15	20	25	30	35	40	45	50	55	60
T_1/℃													
T_2/℃													
ΔT/℃													

（5）注意事项如下。

①温控表主要是起超温保护的作用，测试温度设定点要低于温控表设定值（被测液体的闪点温度以下为安全值）。

②若发现 T_1 一直在升高（降低），可降低（提高）输入电压或增加（减少）循环冷却水槽的水流速度进行调节。

六、思考题

（1）试分析被测液体与周围环境的散热对实验结果的影响。（假设冷热面温差不变）

（2）所测试样为水，若水中空气没有排除干净，会对测试结果产生什么影响？

七、实验报告要求

（1）数据整理：包括原始数据记录表、计算结果。

（2）思考题。

（3）通过本实验的学习，请提出对实验台的改进建议。

实验 5.3　具有对流换热条件的伸展体传热特性实验

一、实验目的

工程中常有许多关于热量沿着细长突出物（伸展体）传递的问题。其基本特征是：突出物从一定的基面伸入到与其温度不同的介质。热量从基面沿突出方向传递的同时，还通过表面与流体进行对流换热。因此沿突出物伸展方向温度也相应变化。

本实验是测量一等截面圆管在与流体间进行对流换热的条件下沿管长的温度变化特性。

（1）通过实验，求解具有对流换热条件的伸展体的导热特性（如温度沿轴线分布规律、对流换热系数 h、最小过余温度的位置 $x_{\min}$ 等）。

（2）了解热电偶测温的方法。

二、实验原理

具有对流换热件的等截面伸展体，当长度与横截面面积之比很大时，可视为一维导热，若为常物性，其导热微分方程式如下。

$$\frac{d^2\theta}{dx^2} - m^2\theta = 0 \tag{5-11}$$

式中：

m 为系数，$m = \sqrt{\dfrac{hP}{\lambda A_c}}$；

θ 为过余温度，$\theta = t_x - t_f$，℃；

h 为空气对壁面的表面传热系数，W/m²·K；

t_x 为伸展体 x 截面处的温度，℃；

t_f 为伸展体周围介质的温度，℃；

P 为参与换热的截面周长，m；

A_c 为伸展体横截面面积，m²。

伸展体内的温度分布规律取决于边界条件和 m 值的大小。本实验采用的试件两端的边界条件为第一类边界条件，即：当 $x=0$ 时，$\theta=\theta_1=t_1-t_f$；当 $x=L$ 时，$\theta=\theta_2=t_2-t_f$。

因此，试件内的温度分布规律如下。

$$\theta = \frac{1}{sh(mL)}\{\theta_1 sh[m(L-x)] + \theta_2 sh(mx)\} \qquad (5\text{-}12)$$

当 $t_1 > t_2$ 时，伸展体的过余温度分布曲线如图 5-5 所示。

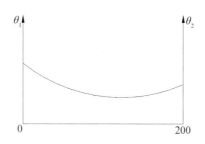

图 5-5　伸展体过余温度分布（$t_1 > t_2$）

由式（5-5）知，所测得的过余温度分布与某一 m 值相对应，而 m 值又与 h 值有一定的关系（$m = \sqrt{\dfrac{hP}{\lambda A_c}}$）。若任意取三点 a、b、c 且 b 为 ac 的中点，则有如下的关系。

$$m = 2\,\mathrm{arch}[(\theta_a + \theta_c)/(2\theta_b)]/L_{ac} \qquad (5\text{-}13)$$

式中：

L_{ac} 为 a、c 两点之间的距离；

θ_a、θ_b、θ_c 分别为 a、b、c 点的过余温度。

$$h = \frac{m^2 \lambda A_c}{P} \qquad (5\text{-}14)$$

根据 $\dfrac{\mathrm{d}\theta}{\mathrm{d}x} = 0$，可求过余温度最小值的位置 $x_{\min}$。

$$x_{\min} = \frac{1}{m}\mathrm{arth}\left[\frac{ch(mL) - \theta_1/\theta_2}{sh(mL)}\right] \qquad (5\text{-}15)$$

取 h 的平均值，即有下式。

$$\overline{h} = \sum \frac{h_i}{n} \qquad (5\text{-}16)$$

则 m 值如下。

$$m = \sqrt{\frac{\overline{h}P}{\lambda A_c}} \qquad (5\text{-}17)$$

三、实验装置

本实验装置由风道、风机、伸展体、加热器及测温系统组成。如图 5-6 所示。

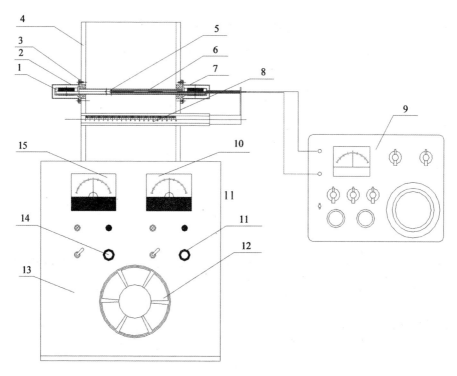

1. 加热器；2. 保护罩；3. 绝缘法兰；4. 有机玻璃风管；5. 热电偶侧头；
6. 加热管（试件）；7. 热电偶保护管；8. 位移尺；9.UJJ33a 电位差计；10. 低温电压表；
11. 低温调节；12. 引风机；13. 围板；14. 高温调节；15. 高温电压表。

图 5-6　实验装置系统图

伸展体是一根内径为 10 mm、外径为 11.5 mm、长度为 200 mm、导热系数为
398 W/m·℃的等截面紫铜管。水平置于有机玻璃制成的近似矩形的风道中。轴流
风机固定在风道后部上平面，由于风机的抽吸，风道中空气均匀横向掠过伸展体表
面，造成强迫对流换热工况。伸展体两端分别装有一组电加热器，各由一只调压器
提供电源并控制其功率，以维持二端处于所需求的温度（t_1，t_2）。

为了改变空气在流过圆管表面时的速度，以达到改变换热系数的目的，风
机转速可无级调节。采用铜-康铜热电偶测量伸展体轴向过余温度，热端安装
在可移动的拉杆上，与伸展体内壁相接触，冷端则置于风道中，并分别用导线
接到电子电位差计上。热端所处位置由拉杆及标尺确定。

四、实验步骤

（1）启动风机，旋转风机调节旋钮，调至较大风速。

（2）调节输出电压，左边电加热器调至 30 V 左右，右边加热器调至 15 V 左右。

（3）将标尺的 20 cm 处对准风道上最右边的画线处。

（4）调节电位差计（使用方法请参照电位差计盖上的说明）。

（5）将热电偶的冷热端引线分别接至电位差计的输入端，若指针偏向左边，表示引线连接正确，这时可调节带刻度的旋钮盘，使电位差计的指针回至零刻度处，若 3 min 之内指针不偏离零刻度处，可近似视为稳定。

（6）逐点测量热电势。对于铜-康铜热电偶，其输出热电势近似为 0.043 mV/℃，根据式 $t = E_x / 0.043$ 进行温度计算，其中 E_x 的单位为 mV，t 的单位为℃；

（7）实验完毕，先断开加热器的电源，待伸展体冷却至室温后再切断风机的电源。

五、实验数据

将实验数填入表 5-3、5-4、5-5。

表 5-3　在一定条件下导体内不同截面处的过余温度实测值

测量点	1	2	3	4	5	6	7	8	9	10	11
坐标位置 x/mm	0	20	40	60	80	100	120	140	160	180	200
热电势 E_x/mV											
过余温度 θ_x/℃											

表 5-4　m 值和 h 值的计算值

不同测量点组	L_{ac}/m	θ_a/℃	θ_b/℃	θ_c/℃	m（1/m）[式（5-3）计算值]	h/（W/m² · ℃）
1、4、7 点						
2、5、8 点						
3、6、9 点						
4、7、10 点						

续 表

不同测量点组	L_{ac}/m	θ_a/℃	θ_b/℃	θ_c/℃	m（1/m）[式（5-3）计算值]	h/（W/m^2·℃）
5、8、11 点						
$\bar{h}=\sum h_i/n=$						
$m=\sqrt{(\bar{h}P)/(\lambda A_c)}=$						

表 5-5 理论值计算结果及误差分析

理论温度分布值	1	2	3	4	5	6	7	8	9	10	11
θ/℃ [（式5-2）计算值]											
相对误差											

备注：本实验中由电子电位差计读出的热电势即为热电偶冷、热端温差，所以在实际计算中，过余温度 $\theta_x=E_x/0.043$ ℃。

六、思考题

（1）当其他参数保持不变时，m 值对过余温度的分布有什么影响？增大 m 值，对应点的过余温度有什么变化？

（2）当其他参数保持不变，改变 t_1 值时，对应点的过余温度有什么变化？

七、实验报告要求

（1）实验数据及计算过程。

（2）实验结果分析。

（3）通过本实验的学习，请提出对实验台的改进建议。

实验 5.4　空气纵掠平板时平均表面传热系数测定实验

一、实验目的

（1）了解实验装置，熟悉空气流速及平板壁温度的测量的方法，掌握测量仪器仪表的使用方法。

（2）通过对实测数据的整理，了解沿平板局部表面传热系数的变化规律及局部值与平均值之间的关系。

（3）掌握局部表面传热系数变化的影响因素，以加深对对流换热规律的认识和理解。

二、实验原理

根据对流换热的量纲分析，稳态强制对流换热规律可以用下列准则关系式来表示。

$$Nu = f(Re，Pr) \tag{5-18}$$

努塞尔特数（Nusselt number，Nu）$Nu = \dfrac{hd}{\lambda}$，雷诺数 $Re = \dfrac{ud}{\nu}$，普朗特数（Prandtl number，Pr）$Pr = \dfrac{\nu}{a}$。

式中：

h 为空气纵掠平板时的局部表面传热系数，$W/m^2 \cdot K$；

u 为空气来流的速度，m/s；

d 为定性尺寸，取平板长度，m；

ν 为空气的运动黏度，m^2/s；

λ 为流体的导热系数，$W/(m \cdot K)$；

a 为空气的热扩散系数，m^2/s。

经验表明，（5-18）式可以表示成下列形式。

$$Nu = c\,Re^n\,Pr^m \tag{5-19}$$

对于空气，当温度变化不大时，普朗特数 Pr 变化很小，可以作为常数处理。故（5-19）式可表示为如下公式。

$$Nu = c\,Re^n \tag{5-20}$$

本实验的任务就是确定 c，n 之值。因此就需要测定 Nu，Re 数中所包含的各个物理量。其中 d 为特征尺寸，在平板中是平板长度，为已知量，物性 λ、ν，按定性温度查表确定。表面传热系数 h 不能直接测出，必须通过测加热量 Q、壁温 t_w 及流体平均温度 t_f，根据（5-21）式来计算

$$h = \frac{Q}{A(t_w - t_f)} \tag{5-21}$$

式中：

Q 为电加热功率，W；

A 为平板外表面积，m^2。

三、实验设备

实验装置结构及工作原理如图 5-7 所示。本实验主要测量平板前后的空气温度及铜板的内壁面温度。实验平板为一个有内热源的上下对称的平板，而且内壁温度大于外壁温度。实验时，空气流速可调整 4～5 个工况，加热电流可根据平板的大小和厚度及风速大小适当调整，保证平板与空气间有适当的温差。

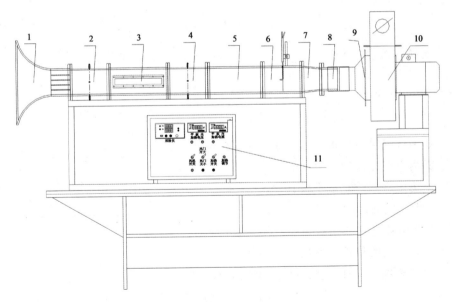

1. 进风口；2. 前测试段；3. 试验段；4. 后测试段；5. 收缩段；6. 测速段；
7. 过渡段；8. 软连接线；9. 风机风门；10. 风机；11. 控制面板。

图 5-7　实验风洞系统简图

四、实验步骤

（1）在打开风机之前，记录倾斜式微压计的初始液柱高度。

（2）打开风机，调节风量。

（3）在一定热负荷下，通过调整风量来改变 Re 的大小。将电加热器电加热功率调至 15 W 左右，保持调压变压器的输出电压不变，依次调节风机风量，在各个不同的开度下测得风速，记录倾斜式压力计的液柱高度。待壁温稳定时（壁温在 3 min 内保持读数小幅震荡，即可认为已达到稳定状态），记录电加热功率，空气进、出口温度，以及加热管的壁面温度等，即为不同风速下，同一负荷时的实验数据。

（4）同一风速、不同热负荷条件下的实验。将风速调至最大，记录此时的倾斜式压力计液柱高度。调节电加热器的加热功率，电加热器功率的调节范围为 5～35 W，待壁温稳定时（壁温在 3 min 内保持读数小幅震荡，即可认为已达到稳定状态），记录电加热功率，空气进、出口温度，以及加热管的壁面温度等，即为不同负荷下，同一风速时的实验数据。

（5）实验完毕后，先切断实验平板加热电源，待平板冷却至室温后再关闭风机。

五、实验数据

（一）计算定性温度 t_m

对于空气纵掠平板，选择来流空气温度与壁面温度的平均温度作为定性温度。

（二）纵掠平板时空气速度 u

纵掠平板时空气速度 u 应为来流流体的截面风速，根据连续性方程 $u_{cp} \cdot A = u \cdot A_b$ 可得纵掠平板时空气速度 u 的公式如下。

$$u = \frac{A}{A_b} u_{cp} \tag{5-22}$$

式中：

u_{cp} 为毕托管所在截面的平均流速，m/s；

u 为来流流体的截面风速，m/s；

A、A_b 为分别为风洞毕托管所在截面及平板所在截面处面积，m^2。

u_{cp} 是通过倾斜式微压计测量出其动压头，然后根据下式计算。

$$u = \varepsilon \sqrt{\frac{2\Delta p}{\rho_{空}}} = \varepsilon \sqrt{\frac{2\rho_{水}\, g\, \Delta h}{\rho_{空}}} \tag{5-23}$$

式中：

Δh 为倾斜式微压计的液柱高度差，m；（$\Delta h=0.2\Delta L$，Δl 为倾斜式微压计斜管长度，m）

$\rho_水$ 为微压计中液体的密度，取 1 000 kg/m³；

$\rho_空$ 为空气的密度，kg/m³，由空气温度 t_f 查表确定；

ε 为毕托管修正系数，取 1.02。

（三）加热功率 Q

加热功率 Q 可通过测量加热的电压降 U 和电流 I 来计算。

$$Q=UI \tag{5-24}$$

（四）空气来流温度及平板内外表面温度的测量

各项温度采用 PT100 热电阻测量。由于对流和辐射的影响，实验中直接测量平板外壁面温度很不准确，因此直接测量内壁面的温度，通过内壁面的温度及加热电压，加热电流和铜板的传热面积、导热系数，可以计算铜板的外壁面温度。由于铜板壁厚较薄，两者温差较小，可近似认为外壁温度等同于内壁温度。

（五）Re 计算中的特征速度确定

对于空气纵掠平板，特征速度等于来流速度，即为 $u=\sqrt{\dfrac{2\Delta p}{\rho}}$。

（六）换热准则方程式

根据各实验工况所测数据计算整理得出相应的 Nu、Re 的值，在双对数坐标纸上，以 Nu 为纵坐标，以 Re 为横坐标，将各个工况点标示出。它们的规律可以近似地用一条直线表示。

$$\lg Nu=\lg c+n\lg Re \tag{5-25}$$

则 Nu、Re 之间的关系可近似表示成幂函数形式：$Nu=cRe^n$。根据实验数据用最小二乘法或作图方法得出上述关联式中的 c 和 n 的值。

表 5-6　实验数据记录表

待测物理量		数值					
被测试件	长度 a/mm	200					
	宽度 b/mm	200					
	单层平板厚度 δ/mm	4					
	散热面积/m²						
	紫铜导热系数/（W/m·K）	398					
风洞前后尺寸/（mm×mm）		平板处：120×200　　毕托管处：150×120					
工况		同一功率，不同风速			同一风速，不同功率		
工况编号		1	2	3	1	2	3
毕托管初始液柱高度/mm							
毕托管末尾液柱高度/mm							
工作电流/A							
工作电压/V							
平板内壁温度/℃							
空气进口温度/℃							
平板后空气温度/℃							
毕托管处空气温度/℃							
环境温度/℃							

六、思考题

（1）本实验没有考虑试件的辐射散热，试分析由此带来的影响。

（2）试分析表面传热系数变化的规律及原因。

七、实验报告要求

（1）数据整理：包括原始数据记录表、计算结果，在双对数坐标纸上绘出各试验点，并用最小二乘法求出准则方程式。

（2）将实验结果与有关参考书的空气纵掠平板时换热准则方程或线图进行比较，并得出结论。

实验 5.5　空气横掠单管时平均表面传热系数测定实验

一、实验目的

（1）了解对流传热的实验研究方法，学习测量空气流速、温度、热量的基本技能。

（2）通过对实验数据的综合整理，掌握强迫对流换热实验数据的处理及误差分析方法。

（3）测定空气横掠单管时的表面传热系数，了解将实验数据整理成准则方程式的方法；

（4）了解空气横掠单管时的对流传热规律。

二、实验原理

根据对流换热的相似分析，稳定强迫对流传热规律可用下列准则关系式来表示。

$$Nu = f(Re，Pr) \tag{5-26}$$

由于空气、温度变化范围不大，上式中的 Pr 数变化很小，可作为常数处理。式（5-26）可简化为下式。

$$Nu = f(Re) \tag{5-27}$$

Nu 努塞尔特数如下。

$$Nu = \frac{hd}{\lambda} \tag{5-28}$$

Re 雷诺数如下。

$$Re = \frac{ud}{\nu} \tag{5-29}$$

式中：

h 为空气横掠单管时的平均换热系数，$W/m^2 \cdot ℃$；

u 为空气来流的速度，m/s；

d 为定性尺寸，取管子外径，m；

λ 为空气的导热系数，$W/m \cdot ℃$；

ν 为空气的运动黏度，m^2/s。

本实验中，流体为空气，准则关系式的具体形式如下。

$$Nu_f = c \cdot Re_f^n \tag{5-30}$$

式中常数 c 和 n 可由实验确定。

要通过实验确定空气横向掠过单管时的 Nu 与 Re 的关系，就需要测定 Nu 与 Re 中所包含的各个物理量，即需要测定不同流速 u 及不同管子直径 d 时的平均表面换热系数 h 的变化。因此，本实验要测量的基本量为管子所处空气流场的流速、空气温度、管子表面的温度及管子表面散发出的热量，然后再按定性温度由空气的物性参数表查得其物性参数。

三、实验设备

图 5-8 所示为空气横掠圆管表面时的对流放热实验装置。实验装置主要由一简单的风洞和量热器组成。风洞是用有机玻璃制成的正方形流道（尺寸为 a mm ×b mm）。为了避免涡流的影响，风道内表面保持光滑。当风机启动后，室内空气经过吸入口被吸入风洞内。吸入口做成双扭线形以保证进出口气流平稳并减少损失，并且使进口处气流速度分布均匀。在吸入口后连接入口段和工作段。在工作段中有被研究的圆管（同时也是量热器）、加热前流体的测温热电阻、加热后流体的测温热电阻。在工作段之后有一支测量流速的毕托管、插板阀、引风机。插板阀用以调节流量。为减少风机振动对风洞内的速度场的影响，工作段之后的风道用亚麻布软管与风机相接。风洞内毕托管与差压变送器相连接后可用来测量流速。工作段前后的空气温度，即 t_{f1}、t_{fa}，用热电阻来测量。

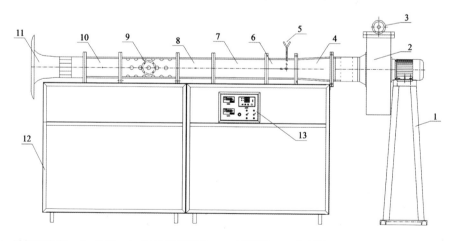

1. 风机固定架；2. 风机；3. 风量调节手轮；4. 过渡段；5. 毕托管；6. 测速段；7. 过渡段；
8. t_{f1} 测温段；9. 测试管段；10. t_{fa} 测温段；11. 整流进风口；12. 支架；13. 仪表箱。

图 5-8 空气横掠单管表面时平均表面传热系数实验装置示意图

　　量热器用铜管做成，管内有电加热器，用交流电加热。电热器所消耗的功率即是圆管表面所放出的热量。圆管表面温度 t_w 用焊在管壁上的四对热电阻测量。量热器简图见图5-9。

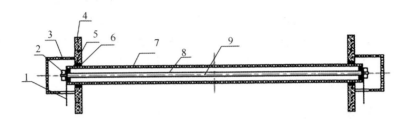

1. 电源线；2. 压紧螺母；3. 保护盖；4. 固定板；5. 绝热层；

6. 绝热层；7. 铜管；8. 绝缘层；9. 加热器

图 5-9　量热器简图

　　实验转置电路及测量系统如图5-10所示。

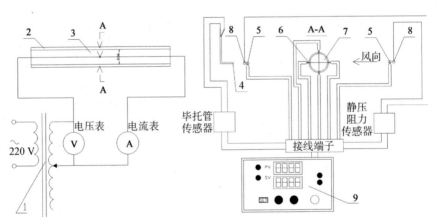

1. 调压器；2. 量热器；3. 加热器；4. 测风流量毕托管；5. 测前后风温度热电阻；

6. 测管前面温度、管上面温度、管后面温度、管下面温度热电阻；

7. 加热管剖面；8. 测量加热器前后阻力差压传感器。

图 5-10　电路及测量系统示意图

四、实验步骤

（1）在打开风机之前，记录倾斜式微压计的初始液柱高度。

（2）打开风机，调节风量。

（3）在一定热负荷下，通过调整风量来改变 Re 的大小。将电加热器电加热功率调至 25 W 左右，保持调压变压器的输出电压不变，依次调节风机风量，在各个不同的开度下测得风速，记录倾斜式压力计的液柱高度。待壁温稳定时（壁温在 3 min 内保持读数小幅震荡，即可认为已达到稳定状态）记录电加热功率，空气进、出口温度，以及加热管的壁面温度等，即为不同风速下、同一负荷时的实验数据。

（4）同一风速、不同热负荷条件下的实验。将风速调至最大，记录此时倾斜式压力计的液柱高度。均匀调节加热器电加热功率，电加热器功率的调节范围为 5～35 W，待壁温稳定时（壁温在 3 分钟内保持读数小幅震荡，即可认为已达到稳定状态）记录电加热功率，空气进、出口温度，以及加热管的壁面温度等，即为不同负荷下、同一风速时的实验数据。

（5）实验完毕后，先切断加热器电源，待圆管冷却至室温后再关闭风机。

五、实验数据

（一）定性温度

选择来流空气温度与壁面温度的平均温度作为定性温度。

（二）横掠圆管时空气速度 u

横掠圆管时空气速度 u 应为来流流体的截面风速，根据连续性方程 $u_{cp} \cdot A = u \cdot A_b$ 可得横掠圆管时空气速度 u 的公式。

$$u = \frac{A}{A_b} u_{cp} \tag{5-31}$$

式中：

u_{cp} 为毕托管所在截面的平均流速，m/s；

u 为来流流体的截面风速，m/s；

A、A_b 为分别为风洞毕托管所在截面及圆管所在截面处面积，m^2。

u_{cp} 是通过倾斜式微压计测量出其动压头，然后根据下式计算。

$$u = \varepsilon \sqrt{\frac{2\Delta p}{\rho_空}} = \varepsilon \sqrt{\frac{2\rho_水\, g\, \Delta h}{\rho_空}} \tag{5-32}$$

式中：

Δh 为倾斜式微压计的液柱高度差，m；（$\Delta h = 0.2\Delta l$，Δl 为倾斜式微压计斜管长度，m）

$\rho_水$ 为微压计中液体的密度，取 1 000 kg/m^3；

$\rho_空$ 为空气的密度，kg/m^3，由空气温度 t_f 查表确定；

ε——修正系数，取 1.02。

（三）对流换热量 Q_c

本实验是在空气被加热的情况下进行的。圆管内加热器所产生的热量 Q（利用电流和电压计算加热功率）是以对流换热 Q_c 和辐射换热 Q_r 方式传出的。

因此，对流换热 Q_c 的计算如下。

$$Q_c = Q - Q_r \tag{5-33}$$

式中，圆管表面的辐射换热量 Q_r 可由下式计算。

$$Q_r = \varepsilon \sigma A \left[\left(\frac{T_w}{100} \right)^4 - \left(\frac{T_f}{100} \right)^4 \right] \tag{5-34}$$

式中：

ε 为为圆管表面黑度，$\varepsilon = 0.22$；

σ 为绝对黑体的辐射系数，$\sigma = 5.67 \mathrm{W}/ (\mathrm{m}^2 \cdot \mathrm{K}^4)$；

T_w、T_f 为分别为圆管表面和流体的平均绝对温度，K。

（四）管子平均换热系数 h

$$h = \frac{Q_c}{A(t_w - t_f)} \tag{5-35}$$

由以上分析可知，实验的中心问题是必须测量以下几个物理量：圆管放热量 Q、管壁温度 T_w、流体温度 T_f、管子直径 d、管子长度 l 和空气流速 u。

（五）换热准则方程式

Nu 与 Re 的关系可近似表示为指数方程的形式。

$$Nu_f = c \cdot Re_f^n \tag{5-36}$$

两边取对数得下式。

$$\lg Nu_f = \lg c + n \lg Re_f \tag{5-37}$$

由式（5-37）可见，$\lg Nu_f$ 与 $\lg Re_f$ 为线性关系。根据每一实验工况所测得数据计算整理得出相应的 Nu 与 Re 之值，在双对数坐标纸上，以 $\lg Nu_f$ 为纵坐标，以 $\lg Re_f$ 为横坐标，将各个工况点标示出，则可近似地用一条直线标示。

按照最小二乘法原理，指数 n、系数 c 按下式计算。

$$n = \frac{\left(\sum x_i \right) \left(\sum y_i \right) - N \left(\sum x_i \cdot y_i \right)}{\left(\sum x_i \right)^2 - N \sum \left(x_i^2 \right)} \tag{5-38}$$

$$\ln c = \frac{\left(\sum x_i \cdot y_i \right) \left(\sum x_i \right) - \left(\sum y_i \right) \left(\sum x_i^2 \right)}{\left(\sum x_i \right)^2 - N \sum \left(x_i^2 \right)} \tag{5-39}$$

式中：

N 为试验点的数目（总工况数）；

x_i 为第 i 个测量点的横坐标的对数值，$x_i=$（$\ln Re$）；

y_i 为第 i 个测量点的纵坐标的对数值，$y_i=$（$\ln Nu$）。

在计算 Nu 和 Re 时，所用的空气物性参数都以边界层的平均温度为定性温度，$t_m=\dfrac{t_f+t_w}{2}$。

表 5-7 实验数据记录表

待测物理量		数值					
被测试件	管外径 d/mm	22					
	有效长度 l/mm	200					
	散热面积/m²						
	试件表面黑度 ε	0.22					
	紫铜导热系数/（W/m·K）	398					
	绝对黑体的辐射系数 Co/（W/m²·K⁴）	5.67					
风洞前后尺寸/mm×mm		圆管处：100×200　毕托管处：150×100					
工况		同一功率,不同风速			同一风速,不同功率		
工况编号		1	2	3	1	2	3
毕托管初始液柱高度/mm							
毕托管末尾液柱高度/mm							
工作电流/A							
工作电压/V							
圆管迎风温度/℃							
圆管背风温度/℃							
圆管上侧温度/℃							
圆管下侧温度/℃							
圆管表面平均温度/℃							
实验段前空气温度/℃							
实验段后空气温度/℃							
毕托管处空气温度/℃							
环境温度/℃							

六、思考题

（1）以本实验为例阐述相似理论在对流换热传热实验研究中的应用。

（2）本实验中的 Re 的范围是多少？流体处于层流还是湍流？

（3）试分析实验管端部的散热损失带来的影响，并设计一种减小热损失的方案。

七、实验报告要求

（1）实验记录及其整理：在双对数坐标纸上绘出各试验点，并用最小二乘法求出准则方程式；

（2）将实验结果与有关参考书的空气横掠单管换热准则方程或线图进行比较。

实验 5.6 空气沿横管表面自然对流换热系数测定实验

一、实验目的

（1）了解空气沿管表面自然对流换热系数的实验方法，加深对自然对流换热的理解。

（2）测定横管对周围空气的自然对流换热系数。

（3）根据对自然对流换热的相似分析，整理出准则方程式。

二、实验原理

对一水平放置于自由运动的空气中的铜管进行电加热，热量是以对流和辐射两种方式来散发的，散热量为对流换热量与辐射换热量之和。

$$Q = Q_r + Q_c = UI \tag{5-40}$$

$$Q_c = hA(t_w - t_f) \tag{5-41}$$

$$Q_r = \varepsilon F C_o \left[\left(\frac{T_w}{100} \right)^4 - \left(\frac{T_f}{100} \right)^4 \right] \tag{5-42}$$

式中：

Q 为总换热量，W；

Q_r 为辐射换热量，W；

Q_c 为对流换热量，W；

I 为加热电流，A；

V 为加热电压，V；

h 为自然对流换热系数，W/m² · ℃；

A 为圆管表面积，m²，$A = \pi d L$；其中 d 与 L 分别为圆管的外径和长度；

t_w 为圆管壁面平均温度，℃；

$T_w = t_w + 273$，K；

t_f 为室内空气温度，℃；

$T_f = t_f + 273$，K；

ε 为试管表面黑度；

C_0 为黑体的辐射热系数，$C_0 = 5.67$ W/m² · K⁴。

联立式（5-41）与式（5-42）可得下式。

$$h = \frac{UI}{A(t_w - t_f)} - \frac{\varepsilon C_0}{(t_w - t_f)}\left[\left(\frac{T_w}{100}\right)^4 - \left(\frac{T_f}{100}\right)^4\right] \tag{5-43}$$

根据相似理论，对于自由对流放热，努塞尔特准则数 Nu 是格拉晓夫准则数（Grashof number，Gr）Gr、普朗特准则数 Pr 的函数，即 $Nu = f\,(Gr,\,Pr)$。

用幂函数形式表示如下。

$$Nu = c\,(Gr \times Pr)^n \tag{5-44}$$

式中：

c、n 为通过实验所确定的常数；

Nu 为努塞尔特准则数，$Nu = hd/\lambda$；

Gr 为格拉晓夫准则数，$Gr = g\beta\Delta t d^3/v^2$；

Pr 为普朗特准则数；

t_m 为定性温度，$t_m = (t_w + t_f)\,/2$，℃；

d 为定性尺寸，即圆管直径，m；

λ 为空气导热系数，W/m·℃；

ν 为空气的运动黏度，$\mathrm{m^2/s}$；

β 为空气容积膨胀系数，$\beta = 1/\,(273.5 + t_m)$，1/K；

Δt 为 t_w 与 t_f 之差，℃。

改变工况（调节加热功率），根据测得的相应实验数据，可求得若干组准则数（至少 3 个工况）。以 $lgNu$ 为纵坐标，以 $lg\,(Gr \times Pr)$ 为横坐标，在双对数坐标纸上绘制实验确定的一系列数据。做一条直线使大多数点落在这条直线上或周围，根据 $\lg Nu = \lg c + n\lg\,(Gr \times Pr)$ 可得下式。

$$Y = A + nX \tag{5-45}$$

图 5-11 所示直线的斜率即为 n，$n = tg\phi$ 为直线与横坐标之间夹角 ϕ 的正切，截距为 c，实验曲线可以用式（5-43）表示。C 值还可以通过曲线上任一点与 Nu 与 $(Gr \times Pr)$ 的数值计算出来，即 $c = Nu/(G_r - P_r)^n$（建议采用最小二乘法进行数据分析）。

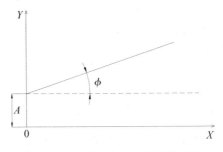

图 5-11　确定参数之间指数关系图

三、实验装置

实验装置主要由实验管、控制装置及配套测量仪表组成。实验管段构造示意图如图 5-12 所示，实验管（四种类型）内装有电加热器，两端装有绝热盖，计算中略去轴向热损失。实验管上有热电偶嵌入管壁，使用电位差计或计算机可测量管壁的热电势，从而计算外表面温度 t_w。

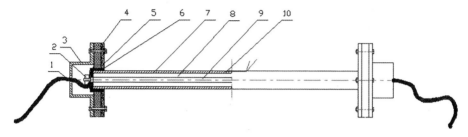

1. 加热导线；2. 接线柱；3. 绝热盖；4. 绝缘法兰；5. 绝热泡沫垫；
6. 绝热体；7. 实验管；8. 管腔；9. 加热管；10. 热电偶。

图 5-12　实验管段构造示意图

控制箱内有稳压器可稳定输入电压，使加入管的热量保持一定，并设置电流调节装置，以改变加热电流，从而改变实验管壁面温度。电压、电流表测定电加热器的电压和电流，电加热功率 $Q = IV$。控制箱示意图如图 5-13 所示。

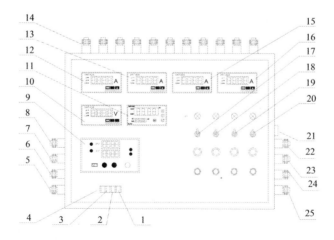

1～4. 测温琴键开关；5～8. 加热接线柱；9、16. 万能信号输入巡检仪；
10. 输出显示电压表；11. 高温保护温控仪；12～16. 输出显示加热电流表；
17～20. 对应实验管的加热开关、调节旋钮、指示灯、保险管；21. 计算机采集 RS232 接口。

图 5-13　控制箱示意图

四、实验步骤

（1）选择实验加热管，按下相应测温琴键开关（图 5-13 中的 1～4），并将该管的加热开关（图 5-13 中 17～20）拨到开的位置，接通该管电源。

（2）调整调压旋钮，调节该管初始加热功率（1、2、3、4 号管初始加热功率分别调整在 6 W、7 W、8 W、10 W 左右），各管加热功率限制参数见表 5-8。

表 5-8　实验装置参数表

待测或已知物理量		1 管	2 管	3 管	4 管
试管尺寸	外径 d/m	0.02	0.03	0.05	0.06
	有效长度 L/m	1	1.2	1.6	1.8
允许最大功率/W		15	20	25	30
黑度		0.15			
绝对黑体辐射系数 $C_0/$（W/m^2 · K^4）		5.669			

（3）将巡检仪上温度显示固定在某一温度测点不变（例如测点 1），观察并记录该测点温度变化情况，待温度稳定后开始测管壁各点温度，并将数据记录至表 5-9。

表 5-9　实验数据记录表

待测或已知物理量			管		
试管尺寸	外径 d/m				
	有效长度 L/m				
散热面积 $A=\pi dL/m^2$					
黑度			0.15		
绝对黑体辐射系数 $C_0/$（W/m^2 · K^4）			5.669		
参数	公式及符号		1	2	3
室内温度 $t_f/℃$					
管壁温度 $t_w/℃$					
平均壁温 $t_w/℃$					
电流 I/A					
电压 U/V					

（4）记录空气温度，并将数据记录至表 5-9（空气温度测点布置在 1 号管

5 路测点，当测试管号为 2、3、4 号管时，在测量完管壁温度、电压、电流值后，需将 1 号管测温琴键按下，并将巡检仪测温点调至 5 路，读取空气温度，然后将测温琴键按回原来实验管）。

（5）待第一组参数测量完毕后，调整调压旋钮，使加热功率增加 2～3 W 后，将巡检仪上的温度显示固定在某一测温点不变，观察并记录该测点温度变化情况，待温度稳定后开始测管壁各点温度，并将数据记录至表 5-9。

（6）重复步骤（5），记录空气温度。

（7）重复步骤（6）、（7），测试并记录第三组数据。

（8）实验结束后，将调压器调整回零位，切断电源。

五、实验数据

（一）测试数据

测量管壁温度热电偶的热电势：mv_1、$mv_2 \cdots mv_n$，室内空气温度 t_f、电流 I、电压 U。

（二）整理数据

根据所测温度求出平均值 t，计算加热器的热量 Q，$Q = UI$。

1. 求对流换热系数

$$h = \frac{UI}{A(t_w - t_f)} - \frac{\varepsilon C_0}{(t_w - t_f)}\left[\left(\frac{T_w}{100}\right)^4 - \left(\frac{T_f}{100}\right)^4\right] \tag{5-46}$$

2. 查出物性参数

定性温度取空气边界层平均温度，即 $t_m = (t_w + t_f)/2$。

在的附录中查得空气的导热系数 λ、热膨胀系数 β、运动粘度 ν、导热系数 λ 和普朗特系数 Pr。

3. 用下述公式计算对流换热系数 h'

$$Nu = 0.48(Gr \times Pr)^{1/4} \tag{5-47}$$

4. 求相对误差 $(h - h')/h'$

本指导书给出的"标准公式"仅供参考，建议根据壁面形状、位置及边界条件查阅相关教材确定。

5. 以组为单位整理准则方程

把求得的有关数据代入准则中可得准则式，把对应的数据标在对数坐标上，标得一条直线，求出 $Nu = c\ (Gr \times Pr)^n$。

六、思考题

（1）对流换热是如何分类的？影响对流换热的主要物理因素有哪些？

（2）什么是特征尺寸和定性温度？选取特征尺寸的原则是什么？定性温度的选取原则是什么？

（3）如何区分大空间自然对流和受限空间自然对流？

七、实验报告要求

（1）实验记录及其整理，以 $\lg Nu$ 为纵坐标，以 $\lg (Gr \times Pr)$ 为横坐标，在双对数坐标纸上绘制关系曲线图，并写出准则方程式。

（2）实验结果误差分析。

实验 5.7　大容器内水沸腾换热实验

一、实验目的

通过本实验观察水在大容器内的沸腾现象。建立起水泡状沸腾的感性认识。改变试件的热负荷，同时测定加热功率及表面温度，即可绘制大容器内水泡状沸腾区的沸腾曲线。

二、实验原理

大容器沸腾换热系数 h 由下式定义。

$$h = \frac{q}{(t_a - t_s)} \tag{5-48}$$

其中：

h 为大容器沸腾换热系数，$W/m^2 \cdot K$；

q 为试件表面的热流密度，W/m^2；

t_a 为试件表面温度，℃；

t_s 为工作介质的饱和温度，℃。

本试验装置所用的试件是不锈钢管，放在饱和温度状态下的蒸馏水中。利用电流流过不锈钢管对其加热，可以认为这样就构成了表面有恒定热流密度的圆管。测定流过不锈钢圆管的电流及其两端的电压降即可准确地确定表面的热流密度。表面温度的变化直接反映出表面放热系数的大小。

三、实验装置

图 5-14 为实验设备的本体，其试件为不锈钢管 1，其两端引入低压直流大电流，将不锈钢管加热。管子放在盛有蒸馏水的玻璃容器 3 中，在饱和温度下，改变管子表面的热负荷，能观察到气泡的形成、扩大、跃离过程，泡状核心随着管子热负荷提高而增加等现象。

管子的发热量由流过它的电流及其工作段的电压降来确定。为减小试件端部的影响，在 a、b 两点测量工作段的电压降，以确定通过 a、b 之间表面的散热量 Q。试件外壁温度 t_a，很难直接测定，对不锈钢管试件，可利用插入管内的铜－康铜热电偶 2 测出管内壁温度 t_1，再通过计算求出 t_a（详见后面的计算）。可达到上述基本要求的整个试验装置见图 5-15。

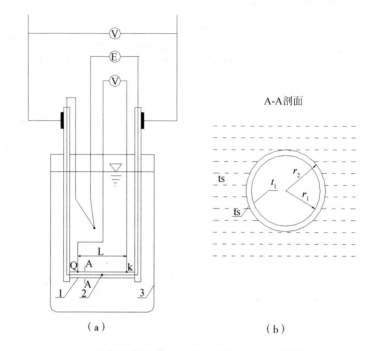

1. 不锈钢管试件；2. 热电偶；3. 玻璃容器

图 5-14 大容器内水沸腾放热试件本体示意图

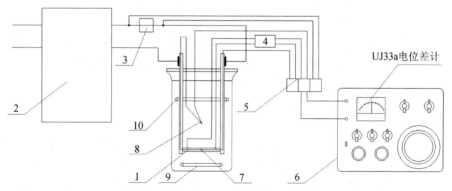

1. 试件本体；2. 硅整流器；3. 标准电阻；4. 分压箱；5. 转换开关；6. 电位差计；
7. 热电偶热端；8. 热电偶冷端；9. 辅助电加热器；10. 冷却管。

图 5-15 大容器内水沸腾放热试验装置系统简图

加在管子两端的直流低压大电流由硅整流器 2 供给，改变硅整流器的电压可调节铜管试件两端的电压及流过的电流。测定标准电阻 3 两端的电压降可测定流过不锈钢管试件 1 的工作电流。

表 5-10　试件的几何参数

参数	数值
管子内半径 r_1 /mm	1.3
管子外半径 r_2 /mm	1.5
管子壁厚 δ /mm	0.2
工作段 $a-b$ 间长度 L /mm	80
工作段外表面 $A = 2\pi r_2 L$ /m^2	
系数 $\xi = \dfrac{1}{4\pi\lambda L}\left(1 - \dfrac{2r_1^2}{r_2^2 - r_1^2}\ln\dfrac{r_2}{r_1}\right)$ / (℃/W)	

四、实验步骤

（1）准备与启动。按图 5-15 将试验装置测量线路接好，调整好电位差计，使其处于工作状态。玻璃容器内充满蒸馏水至 4/5 高度。接通辅助电加热器，设定加热功率 1 600 W 左右。待蒸馏水烧开后，将辅助电加热器功率降至 400 W，以维持其沸腾温度。启动硅整流器，逐渐加大试件管子的直流电流（60 A 以上）。

（2）观察大容器内水沸腾的现象。

缓慢加大试件管子的直流电流，注意观察下列的沸腾现象。在不锈钢管试件的某些固定点上逐渐形成气泡，并不断扩大，达到一定大小后，气泡跃离管壁，渐渐上升，最后离开水面。产生气泡的固定点称为汽化核心。气泡跃离后，又有新的气泡在汽化核心产生，如此周而复始，有一定的周期，随管子工作电流增加，热负荷加大，管壁上汽化核心的数目增加，气泡跃离的频率也相应加大，如热负荷增大至一定程度后，产生的气泡就会在壁面逐渐形成连续的汽膜，这时，就开始由泡态沸腾向膜态沸腾过渡。此时壁温会迅速升高，以至将管子烧毁。在实验中，工作电流不允许过高，以防出现膜态沸腾而烧坏试件。

（3）确定换热系数 h。

为了确定换热系数 h，需要测定下列参数。

①容器内水的饱和温度 t_s，℃。

②管子工作段 $a-b$ 段的电压降 V，V。

③管内壁温度 t_1，并计算出管外壁温度 t_a。

为了测定不同热负荷下换热系数 h 的变化，直流电流为 60～120 A，共测试 5～6 个工况。每改变一个工况，待稳定后才记录上述数据。

（4）试验结束前先将硅整流器旋至零值，然后切断电源。

（5）必要时可调换不同直径的不锈钢管子，进行上述试验。

（6）注意事项如下。

①预习实验报告，了解整个实验装置各个部件，并熟悉仪表的使用，特别是电位差计，必须按操作步骤使用，以免损坏仪器。

②为确保试验管不致烧毁，硅整流器的工作电流不得超过 120 A，以防试验管及硅整流器损坏。

五、实验数据

（1）电流流过试验管，在工作段 $a-b$ 间的发热量 Q 按下式计算。

$$Q = I \times V \tag{5-49}$$

式中：

V 为工作段 $a-b$ 间电压降，V；

I 为流过管子试件的电流，A。

电流由它流过的标准电阻 3 产生的电压降 V_1（mV）来计算。因为标准电阻为 100 A/100 mV，所以测得标准电阻 3 每有 1 mV 电压降，就等于有 1A 的电流流过。

试件两端电压降由下式求得（分压箱原理图如图）。

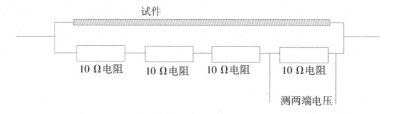

图 5-16　分压箱原理图

$$V = T \times V_2 \tag{5-50}$$

其中：T 为分压箱比率，本试验台为 4；

V_2 为 1 个 10 Ω 电阻两端测得的电压值，V。

由图 5-16 可知，试件两端的电压与四个 10 Ω 电阻的电压值相等，通过测量一个 10 Ω 电阻的电压，然后乘以 4 就可得试件两端的电压。本试验台试件的电阻为 0.024 Ω，四个串联的电阻为 40 Ω，是试件电阻的 40/0.024＝1 666 倍，如果通过试件和四个电阻的总电流为 100 A，通过试件的电流为 99.94 A，通过 10 Ω 电阻的电流为 0.06 A，与试件电流相比可以忽略。因此，通过标准电阻的电流即可以认为通过试件的电流。

（2）试件表面热负荷 q 计算式如下。

$$q = Q/A \, (\mathrm{W/m^2}) \tag{5-51}$$

式中：A 为工作段 a－b 间的表面积，$\mathrm{m^2}$。

（3）管子外表面温度 t_a 的计算如下。

试件为圆管时，按有内热源的长圆管，其管外表面为对流放热条件，管内壁面绝热时，根据管内壁面温度可以计算外壁面温度：

$$t_a = t_1 - \frac{Q}{4\pi\lambda L}\left(1 - \frac{2r_1^2}{r_2^2 - r_1^2}\ln\frac{r_2}{r_1}\right) = t_1 - \xi Q \tag{5-52}$$

式中：

λ 为不锈钢管导热系数，$\lambda = 16.3$（$\mathrm{W/m \cdot k}$）

Q 为工作段 a－b 间的发热量，W；

L 为工作段 a－b 间的长度，m；

ξ 为计算系数，$\xi = \dfrac{1}{4\pi\lambda L}\left(1 - \dfrac{2r_1^2}{r_2^2 - r_1^2}\ln\dfrac{r_2}{r_1}\right)$，℃/W。

（4）泡态沸腾时换热系数 h 的计算式如下。

$$h = \frac{Q}{A\Delta t} = \frac{q}{t_a - t_s} \, \mathrm{W/(m^2 \cdot K)} \tag{5-53}$$

在稳定情况下，电流流过试验管发生的热量，全部通过外表面由水沸腾放热而带走。

表 5-11　实验原始数据记录及参数计算

序号	参数	符号及计算公式	1	2	3	4	5	6	7	8
1	沸腾水泡和温度/℃	t_s								
2	试件 a－b 间电压经分压后测得的值/V	V								
3	管内壁温度/℃	t_1								
4	管子工作电流/A	I								
5	管子放热量/W	$Q = V \times I$								
6	管子外温度/℃	$t_a = t_1 - \xi Q$								
7	管子表面热负荷/（$\mathrm{W/m^2}$）	$q = Q/F$								
8	沸腾放热温差/℃	$\Delta t = t_a - t_s$								
9	水沸腾换热系数/（$\mathrm{W/m^2 \cdot K}$）	$h = Q/(F\Delta t)$								

六、思考题

（1）俗话说"开水不响，响水不开"，试分析为何水未沸腾时声音较响，而剧烈沸腾时反而声音较小？

（2）如何更准确地测量电加热管表面温度及过热度？

七、实验报告要求

（1）实验记录及其整理：在方格纸上，以 q 为纵坐标，以 Δt 为横坐标，将各实验点绘出，并连成曲线；在方格纸上绘制 $h - \Delta t$ 曲线。

（2）实验结果与逻森瑙（Rohsennow）整理推荐的泡态沸腾热负荷 q 与温差 Δt 的关系式如下。

$$q = \mu_l r \left[\frac{g(\rho_l - \rho_v)}{\sigma} \right]^{\frac{1}{2}} \left[\frac{c_{p,l}(t_w - t_s)}{C_{w,l} r P_{rl}^s} \right]^3 \ (\mathrm{W/m^2}) \qquad (5\text{-}54)$$

式中：

t_w 为不锈钢管试件表面温度，℃；

t_s 为工作介质的饱和温度，℃。

实验 5.8　中温辐射物体黑度测定实验

一、实验目的

（1）用比较法定性地测量中温辐射时物体的黑度 ε。

（2）通过原理部分的计算和推导，巩固辐射换热的主要知识点。

二、实验原理

确定物体黑度的辐射法是一种比较法。其基本原理为在相同的条件下比较一个辐射吸收面对被测试样和已知黑度的标准测试样辐射能力的大小，从而求出被测试样的黑度。物体表面的黑度是一个物性参数，其值取决于物体的性质（种类）、表面温度和表面状况。各种实际物体的黑度大小不一，具体数值由实验确定。

图 5-17 所示为本实验设备情况，由 3 个物体组成的封闭系统中，利用净辐射法，可以求得待测物体 3 的净辐射换热量，进而求出待测物体的黑度，推导过程如下。

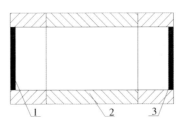

1. 热源；2. 传导圆筒；3. 待测物体。

图 5-17　辐射换热简图

由 n 个物体组成的辐射换热系统中，利用净辐射法，可以求物体 I 的纯换热量 $Q_{net.i}$。

$$Q_{net.i} = Q_{abs.i} - Q_{e.i} \tag{5-55}$$

式中：

$Q_{net.i}$ 为 i 面的净辐射换热量；

$Q_{abs.i}$ 为 i 面从其他表面的吸热量；

$Q_{e.i}$ 为 i 面本身的辐射热量。

因此，公式（5-55）可写成下式。

$$Q_{net.3} = \alpha_3(E_{b1}A_1X_{1.3} + E_{b2}A_2X_{2.3}) - \varepsilon_3 E_{b3}A_3 \tag{5-56}$$

其中 $A_1=A_3$，$\alpha_3=\varepsilon_3$，$X_{3.2}=X_{1.2}$，$X_{2.3}=X_{2.1}$。

又根据角系数的互换性 $A_2X_{2.3}=A_3X_{3.2}$，有下式。

$$q_3=Q_{net.3}/A_3=\varepsilon_3(E_{b1}X_{1.3}+E_{b2}X_{1.2}-E_{b3}) \tag{5-57}$$

式中：

E_{b1}，E_{b2}，E_{b3} 为分别为面1、2、3的辐射力，W/m^3；

$X_{1.2}$，$X_{1.3}$，$X_{3.2}$，$X_{2.3}$ 为相互面间的角系数；

A_1，A_2，A_3 为分别为面1、2、3的面积，m^2；

α 为吸收率；

ε 为表面黑度。

由于待测物体在冷却时，与环境主要以自然对流方式换热，因此有下式。

$$q_3=h(t_3-t_f) \tag{5-58}$$

式中：

h 为流换热系数，$W/(m^2℃)$；

t_3 为待测物体（受体）表面温度，$℃$；

t_f 为环境温度，$℃$。

由式（5-57）、（5-58）得下式。

$$\varepsilon_3=\frac{h(t_3-t_f)}{E_{b1}X_{1.3}+E_{b2}X_{1.2}-E_{b3}} \tag{5-59}$$

当热源1和传导圆筒2的表面温度一致时，$E_{b1}=E_{b2}$，并考虑到体系1、2、3为封闭系统，则有下式。

$$X_{1.2}+X_{1.3}=1$$

由此，式（5-59）可写成下式。

$$\varepsilon_3=\frac{h(t_3-t_f)}{E_{b1}-E_{b3}}=\frac{h(t_3-t_f)}{\sigma_b(T_1^4-T_3^4)} \tag{5-60}$$

式中：

σ_b 为斯蒂芬-玻尔茨曼常数，其值为 $5.7\times10^{-8}W/m^2\cdot k^4$；

T 为黑体热力学温度，K。

不同待测物体（受体）a、b的黑度 ε 如下。

$$\varepsilon_a=\frac{h_a(T_{3a}-T_f)}{\sigma_b(T_{1a}^4-T_{3a}^4)} \tag{5-61}$$

$$\varepsilon_b=\frac{h_b(T_{3b}-T_f)}{\sigma_b(T_{1b}^4-T_{3b}^4)} \tag{5-62}$$

设 $h_a\approx h_b$，则有下式。

$$\frac{\varepsilon_a}{\varepsilon_b}=\frac{T_{3a}-T_f}{T_{3b}-T_f}\cdot\frac{T_{1b}^4-T_{3b}^4}{T_{1a}^4-T_{3a}^4} \tag{5-63}$$

当 b 为黑体时，$\varepsilon_b \approx 1$，式（5-63）可写成下式。

$$d\varepsilon_a = \frac{T_{3a} - T_f}{T_{3b} - T_f} \cdot \frac{T_{1b}^4 - T_{3b}^4}{T_{1a}^4 - T_{3a}^4} \qquad (5\text{-}64)$$

式（5-64）为比较法测黑度时的计算公式。

三、实验装置

整个实验装置由进行辐射换热的封闭系统、支撑架、控制测量箱等组成，如图 5-18 所示。封闭系统由热源、传导腔体和待测物体组成。共 4 个温度测量点，其中热源 1 个，传导腔体 2 个，受体 1 个，各点温度值显示在测量箱上。热源和传导体的温度通过温度设定旋钮来控制。每台实验设备均有两个完全相同的待测物体 a、b。a 为光亮的紫铜，黑度待求；b 为黑体（光亮紫铜表面用带有松脂的松木或者蜡烛熏成黑色），黑度近似为 1。

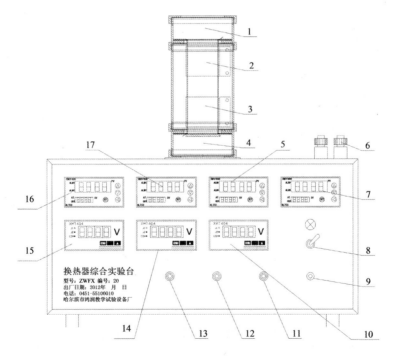

1. 受体；2. 传导 2；3. 传导 1；4. 热源；5. 传导 2 控温测温表；6. 热电阻接线柱；
7. 受体测温表；8. 电源开关；9. 保险管；10. 传导 2 电压表；11. 传导 2 调节；
12. 传导 1 调节；13. 热源调节；14. 传导 1 电压表；15. 热源电压表；
16. 热源控温测温表；17. 传导 1 控温测温表。

图 5-18　实验装置简图

四、实验步骤

（1）热源腔体和受体腔体（使用具有原来表面状态的物体作为受体）靠紧传导体（受体具有原来的表面状态 1 个，表面熏黑 1 个）。

（2）接通电源，调整热源，传导左、传导右的调温旋钮，使热源温度为 50～150 ℃，受热 40 min 左右，通过测温转换开关及测温仪表测试热源，传导左、传导右的温度，并根据测得的温度微调相应的电压旋钮，使三点温度尽量一致。

（3）系统进入恒温后（各测温点基本接近，且在 5 min 内各点温度波动小于 3 ℃），开始测试受体温度，当受体温度每分钟内的变化小于 0.2 ℃时，记下三组数据，每分钟记录一次。"待测受体"实验结束。

（4）取下受体，将另一受体换上，然后重复以上实验，测得第二组数据。将两组数据代入公式即可得出待测物体的黑度 $\varepsilon_{受}$。

（5）注意事项：

①热源及传导的温度不可超过 160 ℃；

②每次做原始状态实验时，建议用汽油或酒精将代测物体表面擦净，否则，实验结果将有较大出入。

五、实验数据

（1）常规数据记录：室温 $t_f=$ _____ ℃。

（2）实验数据记录与处理，如表 5-12、5-13 所示。

表 5-12　黑度实验数据（光面 a）

单位	序号	热源温度	传导 1 温度	传导 2 温度	受体温度
$t/℃$	1				
	2				
	3				
T/K					

表 5-13　黑度实验数据（黑面 b）

单位	序号	热源温度	传导 1 温度	传导 2 温度	受体温度
$t/℃$	1				
	2				
	3				
T/K					

六、思考题

（1）简述黑体辐射基本定律的表达式及其中各物理量的定义和单位。

（2）角系数是如何定义的？有什么性质？

（3）什么是黑度？实际物体表面黑度大小取决于哪些因素？

（4）实验中，同一实验台的加热温度为什么只需也只能设定一次？

（5）何谓物体的吸收比？实际物体的吸收比受哪些因素影响？

（6）何谓黑体、灰体？实际物体在什么样的条件下可以看成是灰体？

（7）物体的发射率取决于物体本身，而不涉及外部条件。因此，发射率可以看成物性，但是吸收比与外界条件有关。为什么对于灰体，吸收比也可看成物性，并等于发射率？

七、实验报告要求

（1）实验记录及其整理，计算过程和结果。

（2）实验结果误差分析。

（3）通过本实验的学习，请提出对实验台的改进建议。

第六章　能源动力工程测控实验

实验 6.1　热电偶、热电阻标定量测原理与实验

一、实验目的

（1）了解热电偶、热电阻的测温原理。

（2）掌握常用热工测试仪表的使用方法。

（3）掌握测温元件标定装置的原理和常用测试方法。

（4）通过标定，获得热电偶温度计的温度 t 随电势 e 的变换关系式及变化曲线，获得热电阻温度计的温度 t 随电阻 R 的变换关系式及变化曲线。

二、实验原理

（一）热电偶温度计工作原理

两种不同的金属导线 A、B 连接成的回路称为热电偶，如图 6-1 所示。当节点 1、2 的温度 T 和 T_0 不同时，在回路内会产生热电势 E_{AB}（T，T_0），此热电势的大小与材料及温差（$T-T_0$）有关。A、B 两种导线成为热电极，高温端称热接点，低温端称冷接点。若冷接点温度维持在某一恒定值，则热电偶的电势只和热接点温度 T 有关。

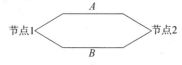

节点1　　　　　　　　　　　节点2

图 6-1　热电偶工作原理

1. 温差电势

温差电势是由于导体或半导体两端温度不同而产生的一种电动势。由于导体两端温度不同，则电子能量也不同，能量较大的电子会流向能量较小的地方，从而形成一个由高温端向低温端的静电场，静电场又阻止电子继续向低温端迁移，最后

到达平衡状态。该电势方向由低温端向高温端，其大小与两端温差有关。

$$E_{AB}(T，T_0) = \frac{K}{e} \int_{T_0}^{T} \frac{1}{N_A} d(N_A，t) \tag{6-1}$$

式中：

e 为单位电势；

K 为波尔兹曼常数（Boltzmann constant）；

N 为导体的电子密度。

2. 接触电势

当两种不同的金属导体或半导体 A 和 B 相互接触，其由于内部电子密度不同，会产生电子的扩散，形成所谓扩散电流。从而，在接触面上形成电位差，其大小取决于不同导体的性质和接触点的温度。

$$E_{AB}(T) = \frac{KT}{e} \ln \frac{N_{AT}}{N_{BT}} \tag{6-2}$$

根据式（6-1）和（6-2），对于图 6-1 中由导体 A、B 组成的闭合回路，可得回路的总电势如下。

$$E_{AB}(T，T_0) = \frac{K}{e} \int_{T_0}^{T} \ln \frac{N_A}{N_B} dt \tag{6-3}$$

由于 N_A、N_B 是温度的单值函数，故上述积分可表示为下式。

$$E_{AB}(T，T_0) = f(T) - f(T_0) \tag{6-4}$$

当 T_0 确定后，$f(T_0)$ 即为常数，$E_{AB}(T，T_0)$ 仅为 $f(T)$ 的函数。

（二）热电阻温度计工作原理

热电阻温度计是利用导体（金属）或半导体的电阻 R 随温度 t 而变化的特性制成。一般可取 0 ℃时的电阻 R_0 作为基准电阻。

（三）温度计的标定

热电偶（热电阻）标定有两种方法：一种是定点法；另一种是比较法。后者常用于校验工业用和实验室用热电偶（热电阻）。本实验采用比较法，即用被校热电偶（热电阻）与一标准组分的热电偶（热电阻）去测同一温度，测得一组数据，其中被校热电偶（热电阻）测得的热电势（热电阻）即由标准热电偶（热电阻）所测的热电势（热电阻）校准，在被校热电偶（热电阻）的使用范围内改变不同的温度，进行逐点校准，就可得到被校热电偶（热电阻）的一条校准曲线。标准温度计可根据测温范围或精度要求选用二等标准水银温度计、铂-铑铂热电偶或标准铂电阻等。

三、实验装置

热电偶、热电阻温度标定示意图系统分别为图 6-2、图 6-3 所示。

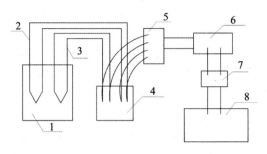

1. 恒温器；2. 标准热电偶；3. 待校热电偶；4. 零度槽；
5. 转换开关；6. 数字电压表；7. 数据采集板；8. 微机。

图 6-2　热电偶标定系统示意图

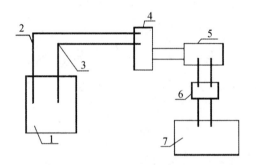

1. 恒温器；2. 标准热电阻；3. 待校热电阻；
4. 转换开关；5. 数字欧姆表；6. 数据采集板；7. 微机。

图 6-3　热电阻标定系统示意图

四、实验步骤

（一）热电偶标定量测步骤

（1）根据不同的温度范围，选择不同的恒温装置。

中温 40～120 ℃，用 HTS-300B 型标准油槽。

高温 300～1 200 ℃，用 KRJ-H 系列高温热电偶检定炉。

（2）将待检定的测温元件（热电偶）与标准热电偶按要求置于所选恒温器中。

（3）按要求将转换开关、二次仪表接入系统。

（4）开恒温器，并调节至所需温度，同时开启零度槽。

（5）当设定的温度稳定 20 min 后，开始记录数据。

（6）调节恒温器，改变设定温度。待工况稳定后，再记录。一般情况下，一次标定须改变 5～8 次工况。

（二）热电阻标定量测步骤

（1）根据不同的温度范围，选择不同的恒温装置。

低温－40～ 40 ℃，用 RTS-40A 制冷恒温槽。

中温 40～120 ℃，用 HTS-300B 型标准油槽。

（2）将待检定的测温元件（热电阻）与标准温度计按要求置于所选恒温器中。

（3）按要求将转换开关、二次仪表接入系统。

（4）开恒温器，并调节至所需温度。

（5）当设定的温度稳定 20 min 后，开始记录数据。

（6）调节恒温器，改变设定温度。待工况稳定后，再记录。一般情况下，一次标定须改变 5～8 次工况。

五、实验数据整理

（一）热电偶实验数据处理

根据所得数据，用最小二乘法对每一支待测热电偶温度计拟合温度 t 与电势 e 的关系，一般可取多项式。

$$t = a_0 + a_1 e + a_2 e^2 + a_3 e^3 \qquad (6\text{-}5)$$

其中：

t 为标准温度计显示温度，℃；

e 为待标热电偶电势，mV。

（二）热电阻实验数据处理

根据所得数据，用最小二乘法对每一支待测热电阻温度计拟合温度 t 与电阻 R 的关系，一般可取多项式。

$$t = a_0 + a_1 R + a_2 R^2 + a_3 R^3 \qquad (6\text{-}6)$$

其中：

t 为标准温度计显示温度，℃；

R 为待标热电阻电势，Ω。

（三）实验数据记录

将实验数据记录在表 6-1、6-2 中。

表 6-1　热电偶标定实验数据记录表

标准温度计名称：
被校温度计名称：
使用设备名称：
标定温度范围：

序号	标准温度计/℃	待检温度计/Ω
1		
2		
3		
4		
5		
6		
7		
8		
9		
10		

表 6-2　热电阻标定实验数据记录表

标准温度计名称：
被校温度计名称：
使用设备名称：
标定温度范围：

序号	标准温度计/℃	待检温度计/Ω
1		
2		
3		
4		
5		
6		
7		
8		
9		
10		

六、思考题

（1）为什么热电偶需要冷端补偿？

（2）热电偶冷端补偿有哪些方式？

（3）分析热电偶标定与热电阻标定有何区别与联系。

七、实验报告要求

（1）数据整理：原始数据记录表、计算结果、拟合回归公式（拟合温度 t 与电势 e 的关系曲线，拟合温度 t 与电阻 R 的关系曲线）。

（2）实验结果误差分析。

实验 6.2　弹簧管压力表标定实验

一、实验目的

（1）了解弹簧管压力表的结构和工作原理。

（2）掌握弹簧管压力表的校验方法。

二、实验原理

（一）压力的定义

液体、气体的压力是指单位面积上所承受的垂直方向上的表面力。压力的表示方法有几种，如图 6-4 所示。

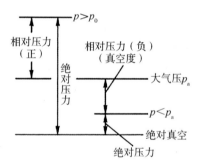

图 6-4　压力的几种表示方法

绝对压力：以绝对真空为零位作基准的压力。

相对压力：以大气压力为基准。大于大气压力的压力称为正压力；小于大气压力的压力称为负压力或真空。

表压力：以大气压力为基准，大于或小于大气压力的压力。

（二）压力测量仪表分类

压力测量仪表主要分为压力表、真空表、压力真空表等。

压力表是以大气压力为基准，用于测量正压力的仪表。

真空表是以大气压力为基准，用于测量负压力的仪表。

压力真空表是以大气压力为基准，用于测量正压力和负压力的仪表。

（三）弹簧管压力表的结构和工作原理

弹簧管压力表主要由弹簧管、传动放大机构、指示机构和表壳 4 大部分组成。弹簧管压力表结构示意图如图 6-5 所示。

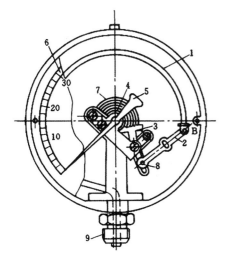

（a）弹簧管压力表内部结构

（b）弹簧管压力表外部结构

1. 弹簧管；2. 拉杆；3. 扇形齿轮；4. 中心齿轮；

5. 指针；6. 面板；7. 游丝；8. 调整螺丝；9. 接头。

图 6-5　弹簧管压力表结构

（1）弹簧管：弹簧管是一根弯曲成圆弧形状、常常为椭圆形横截面的空心管子。它的一端焊接在压力表的管座上固定不动，并与被测压力的介质相连通，管子的另一端是封闭的自由端，在压力的作用下，管子的自由端产生位移，在一定的范围内，位移量与所测压力呈线性关系。

（2）传动机构：传动机构一般称为机芯，它包括扇形齿轮、中心齿轮、游丝和上下夹板、支柱等零件。传动机构的主要作用是将弹簧管自由端的微小位移加以放大，并转换成仪表指针的圆弧形旋转位移。

（3）指示机构：指示机构包括指针、刻度盘等，其作用是将指针的旋转位移通过刻度盘的分度指示出对应的被测压力值。

（4）表壳：表壳的主要作用是固定和保护上述三部分及其他的零部件。

弹簧管压力表的工作过程是：弹簧管 1 是测量元件，是一根弯成 270° 的椭圆形截面的空心金属管子。管子的自由端 B 封闭，另一段固定在接头 9 上。当接头位置通入压力 P 后，椭圆形截面在压力 P 的作用下将趋于圆形，使自由端 B 产生位移，且与 P 的大小成正比（具有线性刻度）。所以只要测得 B 点的位移量，就能反映压力 P 的大小。自由端 B 的位移通过拉杆 2 使扇形齿轮 3 作逆时针偏转，指针 5 通过同轴的中心齿轮 4 的带动作顺时针偏转，在面板 6 的刻度标尺上显示出被测压力 P 的数值。由于 B 的位移与 P 的大小成正比，因此，刻度尺是线性的。游丝 7 用来克服因扇形齿轮与中心齿轮间的传动间隙而产生的仪表变差。改变调节螺丝 8 的位置，可调整仪表的量程。

（四）压力表精度等级划分

压力表精度等级是压力表精确度等级的简称。压力表的精度等级是反映被检表与标准器进行比对时，指示值与真实值接近的准确程度。

压力表按其测量精确度可分为精密压力表和一般压力表。其结构基本一致，区别在于精密压力表零件加工和装配要求比较精细、严密，传动部分一般镶有微压宝石轴承，在油压调节增加微调装置和温度补偿装置。

根据国标，精密压力表的测量精度等级分别为 0.06、0.1、0.16、0.25、0.4 级；一般压力表的测量精度等级分别为 1.0、1.6、2.5、4.0 级。

（五）弹簧管压力表校验的技术要求

1. 基本误差

压力表的基本误差以引用误差表示，是以测量上限的百分数（％）表示，在整个测量范围内，任何位置上的误差均不应超过比值。

本实验中所用弹簧压力表精确度等级为 1.6 级，属于一般压力表。一般压力表的精确度等级和基本误差限如表 6-3 所示。

表 6-3　一般压力表的精度等级和基本误差限

精度等级	基本误差限（以量程的百分数计）/％			
	零位		测量上限 90％ 以下部分（含 90％）	测量上限 90％ 以上部分
	带止销	不带止销		
1.0	1.0	±1.0	±1.6	±1.0
1.6	1.6	±1.6	±2.5	±1.6
2.5	2.5	±2.5	±4.0	±2.5
4.0	4.0	±4.0	±4.0	±4.0

2. 回差

判断一个压力表合格与否，除了需对基本误差进行计算，还需要计算压力表的回差。回差是指在测量范围内，当输入压力上升或下降时，仪表在同一测量点的两个相应的输出值间轻敲后的最大差值。仪表示值回差应不大于基本误差限的绝对值。

3. 压力表指针偏转的平稳性

在测量过程中，仪表的指针不应有跳动和停滞现象。

4. 轻敲位移

在测量范围内的任何位置上，用手指轻敲（使指针能自由摆动）仪表外壳时，指针指示值的变动量应不大于基本误差限绝对值的1/2。

5. 温度的影响

当仪表的使用环境温度偏离 20 ℃±5 ℃时，其示值误差（包括零点）应不超过下式规定的范围。

$$\Delta = \pm(\delta + K\Delta t) \tag{6-7}$$

其中：

Δ 为环境温度偏离20℃±5℃时的示值误差允许值，表示方法与基本误差相同，%；

δ 为表 6-3 规定的基本误差限绝对值，%；

K 为温度影响系数，其值为 0.04%/℃；

Δt 为 $|t_2 - t_1|$，单位为℃；

t_2 为仪表正常工作环境温度内的任意值，单位为℃（仪表正常工作环境温度为 $-40 \sim +70$ ℃）；

t_1 为当 t_2 高于 25 ℃时，为 25 ℃；当 t_2 低于 15 ℃时，为 15 ℃。

三、实验装置

本实验系统采用被检仪表与实验用标准仪器比较的方法进行测试。标准仪器选用精度等级为 0.05 级弹簧管压力表，测量范围为 0～60 MPa。实验系统实物图如图 6-6 所示。

1. 油泵 1；2. 通气阀；3. 油泵 1 加压手柄；   1. 油泵；2. 油杯；3. 进油阀；

4. 切断阀；5. 标准表；6. 被检表安装口；   4. 标准表；5. 进油阀手轮；6. 切断阀；

7. 油泵 2；8. 油泵 2 手轮。   7. 被检表安装口；8. 油泵手轮。

(a) 弹簧管压力表校验实验系统 1   (b) 弹簧管压力表校验实验系统 2

图 6　弹簧管压力表校验实验系统

四、实验步骤

(一) 弹簧管压力表校验实验系统 1 校准操作步骤

(1) 给实验系统 1 充变压器油，装上被校和标准压力表。

(2) 顺时针旋转油泵 2 手轮 8，直至不能转动时停止。

(3) 顺时针旋转并拧紧切断阀 4，再逆时针旋转 1/8 圈。

(4) 顺时针旋转并关闭油泵 1 通气阀 2。

(5) 按下标准压力表"开/关"按钮，使标准压力表处于工作状态，如果标准压力表初始示值不为零，按动"校零"按钮，对标准表进行校零。

(6) 读取并记录未加压时第一个压力校验点即"0"点的被检表与标准表指示值。

(7) 用油泵 1 加压手柄 3 加压后，油压力逐渐上升，直到被校压力表指示到第二个压力校验点，读取标准压力表指示值。

(8) 继续加压到第三个、第四个……校验点，重复上述操作，直到满量程为止，完成上行程测量。

(9) 顺时针旋转并关闭切断阀 4，逆时针旋转油泵 2 手轮 8，逐渐减压至各校验点，直至压力全部卸除，完成下行程测量。

(10) 求出被校压力表的基本误差、回差。

（二）弹簧管压力表校验实验系统 2 校准操作步骤

（1）给实验系统 2 油杯充变压器油，装上被校和标准压力表。

（2）逆时针打开油杯进油阀 5，逆时针旋转油泵手轮 8，将油吸入油泵内。顺时针旋转手轮 8，将油压入油杯。观察是否有小气泡从进油阀手轮 5 的阀杆周围升起，如有，则反复重复上述操作，直到不出现小气泡为止，此时再逆时针旋转油泵的手轮 8，将油吸入油泵内。

（3）顺时针旋转并拧紧切断阀 6，再逆时针旋转四分之一圈。

（4）顺时针旋转并拧紧进油阀手轮 5。

（5）按下标准压力表"开/关"按钮，使标准压力表处于工作状态，如果标准压力表初始示值不为零，按动"校零"按钮，对标准表进行校零。

（6）读取并记录未加压时第一个压力校验点即"0"点的被检表与标准表指示值。

（7）顺时针旋转油泵手轮 8，使油压力逐渐上升，直到被校压力表指示到第二个压力校验点，读取被校压力表指示值。

（8）继续加压到第三个、第四个……校验点，重复上述操作，直到满量程为止，完成上行程测量。

（9）逆时针旋转油泵手轮 8，逐渐减压至各校验点，直至压力全部卸除，完成下行程测量。

（10）求出被校压力表的基本误差、回差。

五、实验数据整理

标准压力表：量程＿＿＿＿＿＿，精度等级＿＿＿＿＿＿。

被校弹簧管压力表：量程＿＿＿＿＿＿，精度等级＿＿＿＿＿＿。

校验时的环境条件：室温＿＿＿＿＿＿。

被校压力表的基本误差一为＿＿＿＿＿＿%；被校压力表的基本误差二为＿＿＿＿＿＿%。

被校压力表的回差为＿＿＿＿＿＿MPa。

结论：该弹簧管压力表（合格或不合格）＿＿＿＿＿＿。

弹簧管压力表的校验实验数据记录如表 6-4 所示。

表 6-4　弹簧管压力表的校验实验数据记录表

	被校压力表示值/MPa					
上行程	标准压力表示值/MPa					
	被校点相对误差/MPa					

续　表

下行程	被校压力表示值 MPa						
	标准压力表示值/MPa						
	被校点相对误差/MPa						

备注：如果发现被校压力表的基本误差超过允许误差，则根据误差出现情况确定先调整零位还是先调整量程（灵敏度）。零位调整方法是：用取针器取出被校压力表指针，再按照零刻度位置轻轻压下指针。量程调整方式是：用螺丝刀松开扇形齿轮上的量程调节螺丝，改变螺钉在滑槽中的位置，调好后紧固螺钉，重复上述校验。调量程时零位会变化，因此一般量程零位要反复进行调整，直到合格为止。如果被校压力表无法调整好，则做不合格处理。

六、注意事项

（1）加压与降压过程中注意被校压力表指针有无跳动现象，如有跳动，应拆下修理或更换。

（2）活塞式压力计上的各切断阀只需有少许开度（例如阀手轮旋开 1/4 圈）。如果开度过大，被加压油可能从切断阀的阀芯处漏出。

七、思考题

（1）什么是仪表上下行程的回差？回差产生的原因有哪些？

（2）如果被校弹簧管压力表超差，应如何调整？

（3）结合弹簧管压力表的校验过程，说明合适的压力测量仪表如何选用？

八、实验报告要求

（1）数据整理：原始数据记录表、处理过程、计算结果。

（2）思考题。

实验 6.3　孔板、电磁、转子、涡轮流量计的标定实验

一、实验目的

（1）熟悉孔板流量计、电磁流量计、转子流量计、涡轮流量计的工作原理、外形构造及使用方法。

（2）熟悉利用节流元件测量流量的原理及测量方法。

（3）通过整理实验数据，进一步了解影响流量计测量精度的一些主要因素。

（4）掌握流量仪表检定的基本方法——体积法的工作原理。

二、实验原理

（一）孔板流量计流量测定实验原理

在充满液体的管道中放置一个固定的、有孔的局部阻力件——孔板，流体流过孔板时收缩，在孔板前后产生压差，孔板流量计原理图如图 6-7 所示，实物图如图 6-8 所示。在取压位置和前后直管段固定的条件下，一定参数的流体流经一定形状和尺寸的孔板，压差随流量而变，且两者之间有确定的关系。因此，可以通过测量压差来测量流量。

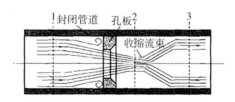

图 6-7　孔板流量计原理图

带压力、温度补偿的孔板式蒸汽流量计（电子式）
运行理稳定，更可靠，精度更高

图 6-8　孔板流量计实物图

根据流体力学原理，流量与压力之间的关系如下。

1. 不可压缩流体

$$Q = \alpha \frac{\pi d^2}{4} \sqrt{\frac{2\Delta P}{\rho}} \quad\quad (6\text{-}8)$$

$$\alpha = \frac{C}{\sqrt{1-\beta^4}} \quad\quad (6\text{-}9)$$

式中：

P_1 为流体流经孔板前的压力，Pa；

P_2 为流体流经孔板后的压力，Pa；

ΔP 为流体流经孔板前后的压差，$\Delta P = P_2 - P_1$，Pa；

ρ 为液体密度，kg/m^3；

α 为流量系数，其值由实验标定，它与节流装置的结构形式，取压方式，孔口直径，面积与管道直径、面积之比，流体的流动状态，管道内壁的粗糙程度等因素有关；

d 为孔板开孔直径，m；

D 为管道直径，m；

β 为节流件的直径比，$\beta = d/D$；

C 为流出系数。

2. 可压缩流体

$$Q = \alpha\varepsilon \frac{\pi d^2}{4\sqrt{2\Delta P/\rho_1}} \quad\quad (6\text{-}10)$$

式中：

ρ_1 为孔板前流体的密度，kg/m^3；

ε 为流束膨胀系数，其值由经验关系给出（亦可查表），对于角接取压标准孔板。

$$\varepsilon = 1 - (0.3707 + 0.3184\beta^4) \cdot [1 - (P_2/P_1)^{\frac{1}{4}}] \quad\quad (6\text{-}11)$$

其中，k 为绝热指数，对空气：$k = 1.4$，对蒸汽：$k = 1.3$。

（二）电磁流量计流量测定实验原理

根据法拉第电磁感应定律（faraday electromagmetic induction law），当导体在磁场中做切割磁力线方向运动时，导体两端就会感生电动势，它的大小与磁感应强度 B、导体的长度 L 及运动速度 v 成正比。当三者互相垂直时，感生电动势的大小如下。

$$\varepsilon = Bv'L_v \tag{6-12}$$

电磁流量变送器就是利用这一原理制成的，见图 6-9、图 6-10，只是其中切割磁力线的导体不是一般的金属导体，而是具有一定电导率的液体流柱，切割磁力线的长度是两电极之间的距离，近似等于液柱的直径 D。现用被测液体的平均流速 v 代替导体的运动速度 v'，可得

$$\varepsilon = BDv \tag{6-13}$$

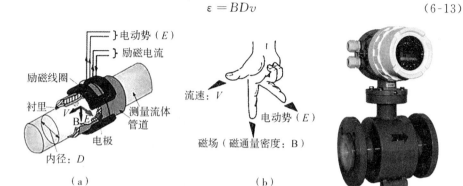

（a）　　　　　　　　　　　　　　（b）

图 6-9　电磁流量计原理图　　　图 6-10　电磁流量计实物图

当磁感应强度 B 及两电极的距离 D 固定不变时，电极两端产生的感生电动势只与被测流体的平均流速成正比。这样，流过测量管横截面的液体的体积流可写作下面这样

$$qv = \frac{\pi D\varepsilon}{4B} \tag{6-14}$$

由上式可知，体积流量 qv 与感生电动势 ε 呈线性关系，而与其他物理参数的变化无关。也就是说，测得的体积流量不受流体温度、压力、密度、黏度等参数的影响。式（6-14）仅适用于 B 为匀强磁场，且流体为轴对称流动的情况，否则要进行修正。磁场 B 可以是稳恒磁场，也可以是交变磁场，例如正弦交流场或矩形波交变场。

通常，电磁流量计主要由两部分组成，即变送器和转换器。变送器将被测流体的流量转换成相应的感应电动势，转换器将代表流量的感应电动势转换成相应的标准电流输出，输出电流为 4～20 mA。实际上，电磁流量计是通过检测电流来测得流量的。电流 I 与流量 Q 之间的关系式如下。

$$Q = \alpha I \tag{6-15}$$

其中，α 称为仪表常数。仪表出厂时，由制造厂标定后给出允许流量范围的 α 值。

（三）转子流量计流量测定实验原理

转子流量计的流体通道为一垂直的锥角，约为 4°的微锥形玻璃管内置一转子（也称浮子）。当被测流体以一定流量自下而上流过锥形管时，在转子的上、下端面形成一个压差，该压差产生了升力，当升力达到一定值时，便能将转子向上浮起，转子流量计原理图与实物图如图 6-11、图 6-12 所示。但随着转子的上浮，转子与锥形管之间的环隙通道面积增大，环隙中流速减小，转子两端的压差也随之减小。

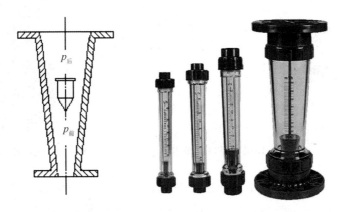

图 6-11 转子流量计原理图　　图 6-12 转子流量计实物图

因此，当转子浮升至某一高度，转子所受的升力恰好等于其重力时，转子便平衡悬浮在此高度上。转子的这一平衡悬浮高度，随转子的两端面的压差，即流量的大小而变化，它可由转子的受力平衡导出，转子上、下端的压差按伯努利定律由两部分组成。一部分由位差引起的，该部分压差造成的升力即为通常所说的浮力 F_1，其值等于同体积流体的重量。另一部分由动能差引起，其值为 F_2。

$$F_2 = \frac{\rho}{2}(u_0^2 - u_1^2)A_f \tag{6-16}$$

根据物料衡算关系有下式。

$$u_1 = \frac{A_0}{A_1}u_0 \tag{6-17}$$

式中：

A_f 为转子最大截面积；

A_0 为转子平衡时相应于 0—0 处的环隙面积；

A_i 为玻璃管截面面积；

V_f 为转子体积；

ρ_f 为转子密度。

$$F_2 = \frac{\rho}{2} u_0^2 \left[1 - \left(\frac{A_0}{A_1} \right)^2 \right] A_f \tag{6-18}$$

这样转子的受力平衡条件如下。

$$V_f \rho_f g = V_f \rho g + \frac{\rho}{2} u_0^2 \left[1 - \left(\frac{A_0}{A_1} \right)^2 \right] A_f \tag{6-19}$$

于是得到下式。

$$u_0 = \frac{1}{\sqrt{1 - \left(\frac{A_0}{A_1} \right)^2}} \times \sqrt{\frac{2V_f g (\rho_f \quad \rho)}{\rho A_f}} \tag{6-20}$$

考虑到表面摩擦和转子形状的影响，引入流量系数 C_R（其值可从有关资料查得）而使公式简化。

$$u_0 = C_R \sqrt{\frac{2V_f (\rho_f - \rho) g}{\rho A_f}} \tag{6-21}$$

或

$$V = u_0 A_0 = A_0 C_R \sqrt{\frac{2V_f (\rho_f - \rho) g}{\rho A_f}} \tag{6-22}$$

质量流量如下。

$$W = A_0 C_R \sqrt{\frac{2V_f (\rho_f - \rho) \rho g}{A_f}} \tag{6-23}$$

转子流量计出厂前，是直接用 20 ℃水或 20 ℃，1atm 的空气进行标定，将流量值刻于玻璃管上，当被测流体与上述条件不符时，应作刻度换算。

$$\frac{V_B}{V_A} = \sqrt{\frac{\rho_A (\rho_f - \rho_B)}{\rho_B (\rho_f - \rho_A)}} \tag{6-24}$$

质量流量如下。

$$\frac{W_B}{W_A} = \sqrt{\frac{\rho_B (\rho_f - \rho_B)}{\rho_A (\rho_f - \rho_A)}} \tag{6-25}$$

式中：

V_A、ρ_A 分别为标定流体（水或空气）的流量和密度；

V_B、ρ_B 分别为其他液体或气体的流量或密度。

由于环隙面积 A_0 与转子的悬浮高度直接相关，即可在转子流量计的不同玻璃锥形管高度处标出流量读数。

校正转子流量计的方法很简单，只需将稳定的气源引入转子流量计，使转子平衡悬浮在某一高度，从转子流量计流出的气体用另一标准流量计（例如皂沫流量计或湿式气体流量计）便可得到一定高度下的单位时间的流量。改变流量测出一系列数据，便得到转子流量计校正的刻度值。

（四）涡轮流量计流量测定实验原理

涡轮流量计是工业上和实验室中常用的速度式流量测量仪表。涡轮流量计原理图和实物装置图如图 6-13、图 6-14 所示。

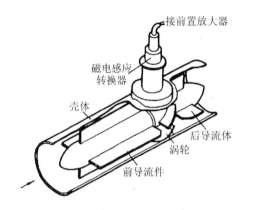

图 6-14　涡轮流量计实物图

图 6-13　涡轮流量计原理图

当被测流体通过时，根据流体力学的动量原理，涡轮叶片受到流体的冲击力使涡轮旋转。在一定的流量范围内，一定的流体黏度下，涡轮转速与流体的流速成正比。当涡轮转动时，涡轮叶片周期性地切割由磁钢所形成的磁力线，使磁路的磁阻发生周期性的变化而输出与流量成正比的电脉冲信号。

当叶轮处于匀速转动的平衡状态时，涡轮的角速度 ω 与流体的速度 v 之间的关系如下。

$$\omega = v \cdot \frac{t_g \beta}{r} \tag{6-26}$$

式中：

β 为叶片对涡轮轴线的倾角；

r 为涡轮叶片的平均半径。

检测线圈输出的电脉冲频率 f 如下。

$$f = nz = \frac{\omega}{2\pi} z \tag{6-27}$$

式中，z 为涡轮的叶片数。

根据体积流量 Q 与平均流速 v 的关系，得体积流量与脉冲频率的关系式如下。

$$Q = V \cdot A = \frac{\omega r}{t_g \beta} A = \frac{2\pi f r}{z t_g \beta} A \qquad (6\text{-}28)$$

其中 A 为管道截面积。如果 ξ 用式（6-28）表示，则 Q 的计算式如式（6-29）所示。

$$\xi = \frac{z t_g \beta}{2\pi r A} \qquad (6\text{-}29)$$

$$Q = \frac{f}{\xi} \qquad (6\text{-}30)$$

式中，ξ 为仪表常数。仪表出厂时，由制造厂标定后给出在允许流量范围内的 ξ 值。

三、实验装置

装置由标准计量容器、涡轮流量计、电磁流量计、转子流量计、孔板、差压变送器和电控仪表箱组成。装置主体安装在一个不锈钢台面上，两条测量直管水平平置，留有充分的直管段，保证流型稳定。各流量计用于读取相应管道内的流量值。流量检测与检定实验台如图 6-15 所示。

图 6-15　流量检测与检定实验台

四、实验步骤

（1）确认仪表安装到位、各类接线正确连接，经指导老师确认后，接通电源，依次打开电控柜上的电源、仪表和水泵开关。

（2）根据转子流量计的量程范围，均匀选取需要标定的点。

（3）调节转子流量计下的手阀，至待标定的流量值。

（4）待读数稳定后，记录转子流量计的示数，关闭计量罐的排水阀门，同步开始计时。

（5）待液柱上升至刻度标尺可读范围内，关闭手阀，同步停止计时，记录此时的液面指示的体积数和时间长度。

（6）排空计量罐中的存水，调节一个新的流量值，重复步骤（3）、（4）、（5）。共记录约 5 组数据。

（7）实验完毕后，排空计量罐中的存水，依次关闭电控柜上的水泵、仪表和电源开关。

（8）将所有的数据填入数据记录表。计算各种流量计在不同流量下的相对误差。

五、实验数据整理

表 6-5　孔板流量计标定数据记录表

名称	1	2	3	4	5
计量罐体积/L					
时间长度/s					
标准流量/（L/s）					
压差变送器压差/kPa					
流量系数					

表 6-6　电磁、涡轮、转子流量计标定数据记录表

名称	1	2	3	4	5
计量罐体积/L					
时间长度/s					
标准流量/（L/s）					
电磁流量计/（m³/h）					
转子流量计/（L/h）					
涡轮流量计/（L/h）					
电磁流量计相对误差/%					
转子流量计相对误差/%					
涡轮流量计相对误差/%					

六、思考题

（1）计算流量时，怎样才能够做到误差最小？

（2）有没有其他的计算流量的方法？和实验提供的方法相比，哪个更合理？为什么？

（3）如果水源的压力不稳定，会缓慢地变化，怎样才能准确地获得差压？

（4）通过实验分析该装置检定流量仪表时，其产生的误差来源有哪些？如何避免与消除？

（5）所有 α 值是否相同？为什么？

（6）试分析与 α 值的变化有关的参数？

七、实验报告要求

（1）数据整理：原始数据记录表、处理过程、计算结果。

（2）思考题。

实验 6.4 校准风洞毕托管标定实验

一、实验目的

（1）了解毕托管测速原理及标定方法。

（2）学会求出毕托管的基本系数方法。

二、实验原理

在流动的理想不可压缩流体中，毕托管测速的理论公式如下。

$$P_0 - P = \frac{1}{2}\rho v^2 \tag{6-31}$$

此式表明，知道了流场中的总压（P_0）和静压（P），其压差 $P-P$ 为动压，由动压可算出流体速度。

$$v = \sqrt{\frac{2(P_0 - P)}{\rho}} \tag{6-32}$$

毕托管的头部通常为半球形或半椭球形，直径应选 $d \leqslant 0.035\,D$，D 为被测流体管道的内径，总压孔开在头部的顶端，孔径为 $0.3\,d$，静压孔开在距顶端 $3\sim5\,d$ 处，距支柄 $8\sim10\,d$ 的地方，一般为 $4\sim8$ 个均匀分布的 $\Phi = 0.1$ mm 小孔，总压与静压分别由两个细管引出，再用软胶皮管连到微压计或差压传感器，即可测出动压，从而计算流速。

倾斜式微压计内动压计算公式如下。

$$\Delta P = \alpha g \Delta l \tag{6-33}$$

式中：

ΔP 为动压，Pa；

α 为倾斜因子，是倾斜式微压计内液体密度与倾斜角的正弦之乘积，g/cm³；

g 为重力加速度，9.8 N/kg；

Δl 为倾斜式微压计内液体稳定时的液面高度与初始液面高度之差，cm。

若要测量流场中某一点的速度，需将毕托管的总压孔置于该点并使总压孔正对来流，总压孔测出来流总压，静压孔测出来流静压，通过微压计或差压传感器就能得到该点动压。在来流是空气的情况下，$P_0 - P = \rho v^2/2 = \Delta P$，$\rho$ 是空气密度。但由于黏性及毕托管加工等原因，不是正好满足 $P_0 - P = \rho v^2/2$，需要进行修正。根据有关毕托管的定义，我们引入修正值 ξ，有下式。

$$v = \sqrt{\frac{2(P_0 - P)}{\rho}\xi} = \sqrt{\frac{2\Delta P}{\rho}\xi} \qquad (6\text{-}34)$$

风洞出口密度 ρ 近似等于大气密度，如下式。

$$\rho = \rho_a = P_a /(273.15 + t_a)/R \qquad (6\text{-}35)$$

式中：

t_a 为室温，℃

P_a 为大气压力，Pa，

R 为气体常数为 287 J/Kg·K

ξ 为毕托管（测速管）校正系数，它是用实验方法标定的，各个毕托管的 ξ 不同，都接近 1。

实验用的毕托管，认为是标准的，取 $\xi \cong 1$。

标定毕托管是将待标定的毕托管与标准的毕托管安装在风洞实验段的适当位置上，总的要求是让两支管子处于同一个均匀流区。因为是均匀流，通过测量值的比较，待校毕托管的校正系数 ξ_c 可求出。

待校毕托管的速度如下。

$$v = \sqrt{\frac{2(P_0 - P)}{\rho}\xi_c} = \sqrt{\frac{2\Delta P}{\rho}\xi_c} \qquad (6\text{-}36)$$

$$\xi_C = \frac{(P_0 - P)\xi}{P_0 - P_c} = \frac{\Delta P \cdot \xi}{\Delta P_c} \qquad (6\text{-}37)$$

上式是毕托管标定的基本公式，通常在 10 个不同风速下测量，ξ_c 取平均值。同理也可以用 10 个不同风速下的 ΔP 和 ΔP_0 来求取，如编成程序，以便较快地求出。

三、实验装置

本实验采用的仪器和设备有低速直流式小风洞、标准毕托管、微压计或压力传感器、计算器或计算机数据采集系统等。实验装置见图 6-16，实验原理图见图 6-17。

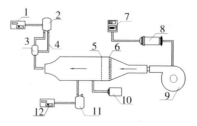

1. 风洞；2. 标准毕托管；3. 待测毕托管；4. 微压计或压力传感器；5. 阻力网；6. 整流栅；
7. 变频调速器；8. 电机；9. 风机；10. 温度传感器；11. 压力传感器；12. 直流数字电压表。

图 6-16　待测毕托管布置图

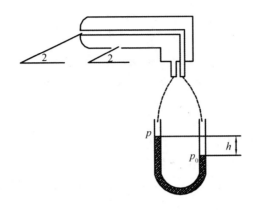

1. 总压孔；2. 静压孔。

图 6-17　毕托管原理图

四、实验步骤

（1）做好实验准备工作，如准确地安装毕托管、微压计调成水平或差压传感器调零，打开电压表。

（2）合上电源，启动电频，开动风洞，待转速稳定后分别读出两台微压计的 ΔP 值，输入计算器进行计算，或采用计算机采集毕托管动压，一共取 10 组数据进行计算。

（3）风洞停止运转，操作计算器或用计算机算出最后结果。

（4）依据实验数据分析、判定是否需要重复实验或移动毕托管的位置进行实验。

（5）结束实验，整理好各种仪器设备。

五、实验数据整理

将实验数据计入如 6-7 的数据记录表。

表 6-7　数据记录表

大气压力 P_a = _____ Pa　　　　　　　　　　　　　　　　大气温度 t_a = _____ ℃

标准毕托管 动压 ΔP/Pa	待测毕托管 动压 ΔP_C/Pa	变频计 读数 f/Hz	风洞出口 风速 v/（m/s）	待测毕托管 校准系数 ξ
Pa	Pa	Hz	m/s	

标准毕托管 动压 ΔP/Pa	待测毕托管 动压 ΔP_C/Pa	变频计 读数 f/Hz	风洞出口 风速 v/（m/s）	待测毕托管 校准系数 ξ
$\xi_C = \sum\limits_1^n \xi_i/n$				

六、思考题

（1）毕托管测速的基本原理是什么？

（2）讨论产生实验误差的主要原因。

（3）如何提高毕托管测速的精度？

七、实验报告要求

（1）数据整理：原始数据记录表、实验处理过程、计算结果。

（2）实验结果误差分析。

实验 6.5　气体流量测量实验

一、实验目的

（1）了解低压气体流量测量方法及其原理。

（2）掌握进口流量计、孔板流量计、喷嘴流量计、毕托管（探针）等仪器仪表的使用方法。

（3）掌握气体流量计算的基本方法。

二、实验原理

（一）节流装置（喷嘴、孔板）测量管道中气体流量

流体通过装置在管道中节流元件时，流束造成局部收缩，气流速度提高，压力减小。节流件两侧的压差与通过的流量成正比。流量越大压差越大。所以，能以此压差作为流量度量的尺寸。这种利用压力差的原理来测量流量的方法称为节流压差法。

下面根据一元流动的伯努利方程来分析如何测量流量。

如图 6-18 所示，假设截面 1—1 为喷嘴前流束未受节流影响的截面，截面 2—2 为流束收缩到最小处的管道截面。由伯努利方程式可得式 6-38。

$$Z_1 + P_1/\gamma + v_1^2/2g = Z_2 + P_2/\gamma + v_2^2/2g \tag{6-38}$$

其中，γ 为被测流体的重度，N/m^3。

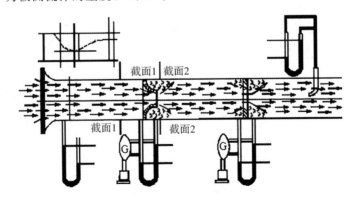

图 6-18　流体流过节流件时的流动状态和压力分布

连续性方程式如下。

$$v_1 A_1 = v_2 A_2 \tag{6-39}$$

联立式（6-38）和式（6-39），可得下式。

$$v_2 = (A_1/A_2) \times v_1 \quad \text{或} \quad v_2 = (d_1^2/d_2^2) \times v_1 \tag{6-40}$$

其中，d_1、d_2 分别为管道直径和流量计喉部直径。

将 v_2 代入式（6-38）得下式。

$$P_1/\gamma - P_2/\gamma = (v_1^2/2g) \times (d_1^4/d_2^4 - 1) \tag{6-41}$$

$$v_1 = \sqrt{2(P_1 - P_2)/\rho} \cdot 1/\sqrt{(d_1/d_2)^4 - 1} \tag{6-42}$$

通过节流件的体积流量如下。

$$Q = v_1 \times A_1 = A_1 \times \sqrt{2(P_1 - P_2)/\rho} \cdot 1/\sqrt{(d_1/d_2)^4 - 1} \tag{6-43}$$

考虑到流体的黏性及可压缩性对流量测定的影响，引入流束膨胀系数 ε 和流量系数 α 对流量加以修正，得到流体流过喷嘴流量计和孔板流量计的流量。

（1）喷嘴流量计流量如下。

$$Q = \frac{C}{\sqrt{1-\beta^4}} \varepsilon \frac{\pi}{4} d_o^2 \times \sqrt{2\Delta P/\rho} \tag{6-44}$$

式中：

P_1 为截面 1—1 处的压强，Pa；

P_2 为截面 2—2 处的压强，Pa；

ΔP 为两截面压差，$\Delta P = P_2 - P_1$，Pa；

C 为流出系数，$C = 0.942\,6$；

ε 为膨胀系数，$\varepsilon = 0.996\,9$；

d_o 为喷嘴开孔直径，$d_o = 0.143$ m；

β 为节流件的直径比，$\beta = 0.679\,7$；

ρ 为被测流体的密度，kg/m^3。

（2）孔板流量计流量如下。

$$Q = \frac{C}{\sqrt{1-\beta^4}} \varepsilon \frac{\pi}{4} d_o^2 \times \sqrt{2\Delta P/\rho} \tag{6-45}$$

式中：

P_1 为截面 1—1 处的压强，Pa；

P_2 为截面 2—2 处的压强，Pa；

ΔP 为两截面压差，$\Delta P = P_2 - P_1$，Pa；

C 为流出系数，$C = 0.601\,1$；

ε 为膨胀系数，$\varepsilon = 0.997\,5$；

d_o 为喷嘴开孔直径，$d_o = 0.155$ m；

β 为节流件的直径比，$\beta = 0.736\,4$；

ρ 为被测流体的密度，kg/m^3。

（二）进口流量计

进口流量计用于测量管道端面进口处流体流量。流体被吸进流量计，通过渐缩的端面使气流逐步加速，静压降低。测点处与大气间的压差大小与流体的流量有关，两者之间的关系式如下。

$$Q = \alpha\varepsilon \times \frac{1}{4}\pi d^2 \times \sqrt{2\Delta P/\rho} \qquad (6\text{-}46)$$

式中：

ΔP 为测点处与大气之间的压力差，Pa；

d 为管道直径，$d = 0.21$ m；

α 为流量系数，$\alpha = 1 - 0.004 \times \sqrt{10^6/Re}$；

ε 为膨胀系数，$\varepsilon = 1 - 0.55\Delta P/Pa$，$Pa$ 为当地大气压力。

（三）流速法测量气体流量

在管道中常应用毕托管（探针）测得管道内某截面的全压 P 及该截面的静压 P_{st}，该截面的动压如下。

$$\Delta P = \frac{1}{2}\rho v^2 = P - P_{st} \qquad (6\text{-}47)$$

若气体密度 ρ 已知，则可求得气体的流速 v。

$$v = \sqrt{2\Delta P/\rho} \qquad (6\text{-}48)$$

通过该截面的气体流量 Q 如下。

$$Q = Av = \frac{1}{4}\pi d^2 \times \sqrt{2\Delta P/\rho} \qquad (6\text{-}49)$$

式中：

ΔP 为测点处与大气之间的压力差，Pa；

d 为管道直径，$d = 0.21$ m。

三、实验装置

实验装置如图 6-18、6-19 所示。

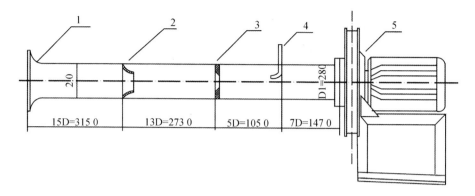

1. 进口流量计；2. 喷嘴；3. 孔板；4. 毕托管；5. 风机。

图 6-19　流量实验装置

四、实验步骤

（1）检查实验设备状况是否完好，作好实验前的准备工作。

（2）调整好倾斜式微压计的水平并校准零位，检查取压口连接是否可靠。

（3）按下变频器电源按钮，按下变频器上的上升箭头按钮，此时变频器显示的频率数增加，且听到风机转动的声音，将变频器频率第一个工况增加到频率数为 50 Hz。

（4）待风机稳定，此时各测点的结果波动较小，分别记录各测点的压差值。

（5）按下变频器上的下降箭头按钮，每改变变频器频率 5 Hz，待风机稳定，并记录各测试点数据。

（6）实验完成后关闭变频器，风机停机后，计算流量值，分析误差。

五、实验数据整理

将实验数据计入如表 6-8 的记录表。

表 6-8　低压气体流量测量实验数据记录表

风机频率				
进口流量计压差/Pa				
孔板流量计压差/Pa				
喷嘴流量计压差/Pa				
毕托管流量计压差/Pa				

六、思考题

（1）通过实验，分析这几种气体流量计测量流量各有什么特点。

（2）分析气体流量计在使用上都要注意哪些事项。

七、实验报告要求

（1）数据整理：原始数据记录表、处理过程、计算结果、拟合回归公式（风机频率与流量的关系曲线）。

（2）实验结果误差分析。

实验 6.6　转速测量实验

一、实验目的

（1）熟悉和掌握霍尔转速传感器（Hall-sensor）、磁电式转速传感器、光电转速传感器、光纤传感器测速的工作原理。

（2）了解转速的测量方法。

二、实验原理

（一）霍尔转速传感器原理

利用霍尔效应（Hall-effect）表达式：$U_H = K_H IB$，当在被测圆盘上装上 N 只磁性体时，圆盘每转一周磁场就变化 N 次，霍尔电势相应变化 N 次，输出电势通过放大、整形和计数电路就可以测量被测旋转物的转速。

（二）磁电式传感器原理

基于电磁感应原理，N 匝线圈所在磁场的磁通变化时，线圈中感应电势：$e = -N \cdot \mathrm{d}\varphi/\mathrm{d}t$ 发生变化，因此当转盘上嵌入 N 个磁棒时，每转一周线圈感应电势发生 N 次变化，通过放大、整形和计数等电路即可以测量转速。

（三）光电转速传感器原理

光电式转速传感器有反射型和直射型两种，本实验装置是反射型的，传感器端部有发光管和光电管，发光管发出的光源在转盘上反射后由光电管接收转换成电信号，由于转盘有黑白相间的 12 个间隔，转动时将获得与转速及黑白间隔数有关的脉冲，将电脉计数处理即可得到转速值。

（四）光纤传感器测速原理

利用光纤位移传感器探头对旋转体电机被测反射光的明显变化而产生的电脉冲，经后级电路处理、放大整形等即可测量出电机的转速。

三、实验装置

设备由主控台、处理电路模块、数据采集、传感器等构成。其中主控制屏为铁质喷塑结构，实验用电设备有漏电保护及熔丝短路保护，直流电源设置短路保护电路。

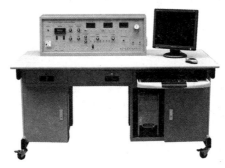

图 6-20　测控技术综合实验台

四、实验步骤

（一）霍尔转速传感器操作步骤

（1）根据图 6-21，将霍尔转速传感器装于传感器支架上，探头对准反射面内的磁钢。

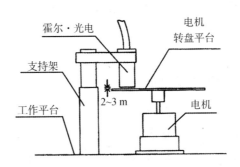

图 6-21　霍尔、光电、磁电转速传感器安装示意图

（2）将 5 V 直流源加于霍尔元件电源输入端。红（＋）绿（⊥）黄（F_0）。

（3）将霍尔转速传感器输出端（黄）插入频率表输入端。

（4）将转速调节中的 2～24 V 转速电源引入到台面上转动单元中，转动电源。

（5）将等精度频率表直键开关拨到转速挡，此时频率表指示转速。

（6）调节转速调节电压使转动速度变化。观察频率表转速显示的变化。

（二）磁电式传感器操作步骤

（1）磁电式转速传感器按图 6-21 安装，传感器端面离转动盘面 2 mm 左右。将磁电式传感器输出端插入数显单元 Fin 孔。（磁电式传感器两输出插头插入台面板上二个插孔）

（2）直键开关选择转速测量挡。

（3）转速电源控制输出 0～24 V，用引线引入转动电源单元中的信号输入插孔，合上主控台电源开关。使转速电机带动转盘旋转，逐步增加电源电压，观察转速变化情况。

（三）光电转速传感器操作步骤

（1）光电转速传感器安装如图 6-21 所示，在传感器支持架上装光电转速传感器，调节高度，使传感器端面距平台表面 2～3 mm，将传感器引线分别插入相应插孔，其中棕色接入直流电源 +5 V，黑色为接地端，蓝色输入主控箱 Fin。转速/频率表置"转速"档。

（2）将转速电源调节为 2～24 V，接到转动电源 24 V 插孔上。

（3）合上主控箱电源开关，使电机转动并从转速/频率表上观察电机转速。如显示转速不稳定，可调节传感器的安装高度。

（四）光纤转速传感器操作步骤

（1）光纤传感器按图 6-21 接于传感器支架上，使光纤探头与电机转盘平台中的磁钢反射点对准，保持在 2～3 mm。

（2）按图 6-22 将光纤传感器的实验模块输出 V_{01} 与直流电压表 + 端相接，接上实验模块 ± 电源，直流电压表的切换开关拨到 2 V 档。

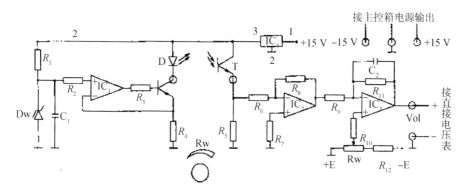

图 6-22　光纤传感器实验连接图

①用手转动圆盘，使探头避开反射面（暗电流），合上主控台电源开关，调节 Rw 使直流电压表显示接近零（≥0）。

②再用手转动圆盘，使光纤探头对准反射点，调节升降支架高低，使直流电压表指示最大，重复①、②步骤，直至两者的压差值最大，再将 V_{01} 与等精度转速/频率表＋输入端相接，直键开关拨到转速挡。

（3）将转动电源源控制在 2～24 V，接入转动电源信号输入插孔，使电机转动，逐渐加大转速源电压，使电机转速盘加快，固定某一转速观察并记下转速表上读数 n_1。

（4）固定转速电压不变，将选择开关拨到频率测量挡，测量频率并记下频率读数，把转盘上的测量点数折算成转速值 n_2。

（5）比较实验步骤（4）与实验步骤（3），以 n_1 作为真值计算两种方法的测速误差（相对误差），相对误差 $r = (n_1 - n_2)/n_1 \times 100\%$。

五、实验数据整理

将实验数据记入如表 6-9、6-10、6-11、6-12 的记录表。

表 6-9 霍尔转速传感器测转速数据记录表

组号	1	2	3	4	5
电压/V					
转速/（r/min）					

表 6-10 磁电式传感器测转速数据记录表

组号	1	2	3	4	5
电压/V					
转速/（r/min）					

表 6-11 光电传感器测转速数据记录表

组号	1	2	3	4	5
电压/V					
转速/（r/min）					

表 6-12 光纤传感器测转速数据记录表

组号	1	2	3	4	5
电压/V					
转速/（r/min）					

六、思考题

（1）利用霍尔元件测转速，在测量上有否限制？

（2）本实验装置用了十二只磁钢，能否用一只磁钢？

（3）为什么说磁电式转速传感器不能测很低的转动，能说明理由吗？

（4）已进行的实验用了多种传感器测量转速，试分析比较一下哪种方法最简单、方便。

（5）测量转速时，转速盘上反射（或吸收点）的多少与测速精度有否影响？你可以用实验来验证比较盘上仅有一个反射点的情况吗？

七、实验报告要求

（1）数据整理：原始数据记录表、处理过程、计算结果。

（2）实验结果误差分析。

实验 6.7　上水箱液位、锅炉内胆水温 PID 整定实验

一、实验目的

（1）了解单容液位定值控制系统、单回路温度控制系统的组成与工作原理。

（2）掌握 PID 参数自整定的方法及其参数整定在整个系统中的重要性。

（3）研究调节器相关参数的变化对系统静、动态性能的影响。

（4）研究 P、PI、PD 和 PID 四种调节器分别对液位控制、温度系统控制的作用。

（5）掌握在 FCS 控制系统中现场检测信号的传送和控制信号的网络传输路径。

二、实验装置

SYGCS-Ⅲ 型多变量过程控制实验台主要包括被控对象、检测装置、执行机构和控制器四大部分，其中被控对象指水箱、模拟锅炉、盘管和管道；检测装置指压力变送器、温度传感器和流量传感器；执行机构指调节阀、变频器、水泵、电磁阀和调压器；控制器指西门子 315-2DP 中央处理器（SIEMENS 315-2DP CPU）和上位机计算机。装置系统结构如图 6-23 所示。

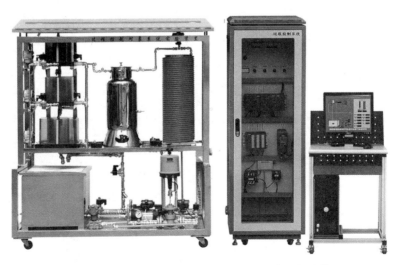

图 6-23　SYGCS-Ⅲ型多变量过程控制实验台实物结构图

三、实验原理

（一）上水箱液位 PID 整定实验原理

本实验系统结构图和方框图如图 6-24 所示。被控量为上水箱（也可采用中水箱或下水箱）的液位高度，实验要求它的液位稳定在给定值。将压力传感器 LT1 检测到的上水箱液位信号作为反馈信号，在与给定量比较后的差值通过调节器控制电动调节阀的开度，以达到控制水箱液位的目的。为了实现系统在阶跃给定和阶跃扰动作用下的无静差控制，系统的调节器应为 PI 或 PID 控制。本实验控制系统的流程图如图 6-26 所示。以上水箱液位检测信号 LT1 为标准 PROFIBUS-PA 总线信号，通过 PROFIBUS-PA 耦合器挂接到 PROFIBUS-DP 总线上，PROFIBUS-DP 总线上挂接有控制器 CPU315-2DP（CPU315-2DP 为 PROFIBUS-DP 总线上的 DP 主站），这样就完成了现场测量信号到 CPU 的传送。

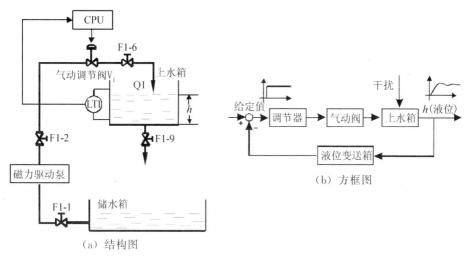

图 6-24　上水箱单容液位定值控制系统

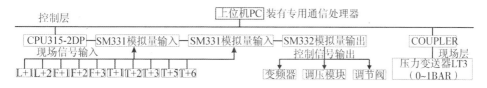

图 6-25　实验控制系统的流程图

本实验的执行机构为电动调节阀，由 SM332 模块输出控制，这样控制器 CPU315-2DP 发出的控制信号就经由 SM332 来控制执行机构电动调节阀。

（二）上锅炉内胆水温整定实验原理

本实验以锅炉内胆作为被控对象，内胆的水温为系统的被控制量。本实验要求锅炉内胆的水温稳定至给定量，将铂电阻 TT1［如图 6-26（a）所示］检测到的锅炉内胆温度信号作为反馈信号，在与给定量比较后的差值通过调节器控制三相调压模块的输出电压（三相电加热管的端电压），以达到控制锅炉内胆水温的目的。在锅炉内胆水温的定值控制系统中，其参数的整定方法与其他单回路控制系统一样，但由于加热过程容量时延较大，所以其控制过渡时间也较长，系统的调节器可选择 PD 或 PID 控制。本实验系统结构图和方框图如图 6-26 所示。可以采用两种方案对锅炉内胆的水温进行控制：锅炉夹套不加冷却水（静态）、锅炉夹套加冷却水（动态）。显然，两种方案的控制效果是不一样的，后者比前者的升温过程稍慢，降温过程稍快。无论操作者采用静态控制还是动态控制，本实验的上位监控界面操作都是一样的。

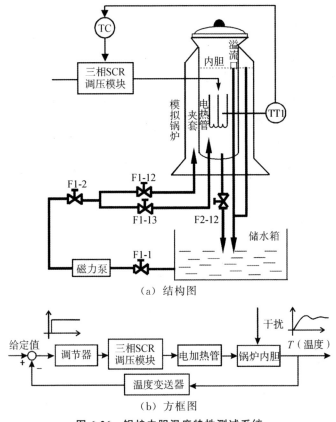

（a）结构图

（b）方框图

图 6-26　锅炉内胆温度特性测试系统

本实验控制系统流程如图 6-25 所示。本实验主要涉及两路信号，一路是现场测量信号，即锅炉内胆温度，另外一路是控制移项调压模块输出的控制信号。

锅炉内胆温度的检测装置为 PT100 热电阻，PT100 热电阻检测到的信号传送给温度变送器，通过 sm331 送至控制器 CPU315-2DP，这样就完成了现场测量信号到 CPU 的传送。

本实验的执行机构为移项调压模块，移项调压模块所需的控制信号是 4 到 20 mA 电流信号。控制信号由控制器 CPU315-2DP 发出，经由模拟量输出模块 SM332，最后模拟量输出 4～20 mA 电流信号控制移项调压模块的输出电压。

四、实验步骤

（一）上水箱液位 PID 整定实验步骤

实验之前先将储水箱中贮足水量，然后将阀门 F1-1、F1、F16、F19 全开，其余阀门均关闭。

（1）接通控制柜和控制台电源，并启动磁力驱动泵。

（2）打开用作上位控制的 PC 机，点击"开始"菜单，选择弹出菜单中的"SIMATIC"选项，再点击弹出菜单中的"WINCC"，再选择弹出菜单中的"WINCC CONTROL CENTER 5.0"，进入 WINCC 资源管理器，打开上位监控程序，点击管理器工具栏上的"激活（运行）"按钮，进入的实验主界面如图 6-27 所示。

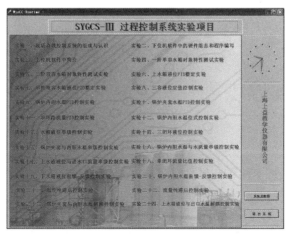

图 6-27　实验主界面

（3）鼠标左键点击实验项目"上水箱液位 PID 整定实验"，系统进入正常的测试状态，呈现的实验界面如图 6-28 所示。

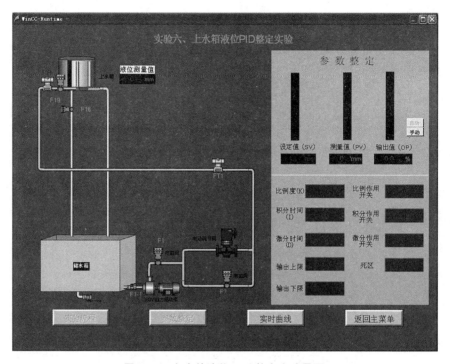

图 6-28　上水箱液位 PID 整定实验界面

在实验界面的左边是实验流程图，右边是参数整定，下面一排切换键的功能如下。

"实验流程"键：系统进入正常测试状态时，实验界面左边就会显示实验流程图，当点击"历史曲线"键时，实验流程图将会被历史曲线所覆盖，如需转到实验流程图，应点击"实验流程"键，这样就可在实验界面左边再现实验流程图。

"参数整定"键：系统进入正常测试状态时，实验界面右边就会显示参数整定画面，当你点击"实时曲线"或"数据报表"键时，参数整定画面的下半部分将会被实时曲线或数据报表所覆盖，如需转到参数整定，点击"参数整定"键即可在实验界面右边再现参数整定画面。

"实时曲线"键：系统进入正常测试状态时，实时曲线是不显示的，如果需要观察实时曲线，点击"实时曲线"键，即可在实验界面右下方显示实时曲线。

"返回主菜单"键：实验结束，需退出实验时，点击"返回主菜单"键，即关闭当前实验界面返回实验主界面。

（4）在上位机监控界面中点击"手动"，并将设定值和输出值设置为一个合适的值，此操作可通过设定值或输出值旁边相应的滚动条或输出输入框来实现。

（5）启动磁力驱动泵，磁力驱动泵上电打水，适当增加或减少输出量，使上水箱的液位平衡于设定值。

（6）按本章第一节中的经验法或动态特性参数法整定 PI 调节器的参数，并按整定后的 PI 参数进行调节器参数设置。

（7）待液位稳定于给定值后，将调节器切换到"自动"控制状态，待液位平衡后，通过以下方式加干扰。

突增（或突减）设定值的大小，使其有一个正（或负）阶跃增量的变化。

以上干扰要求扰动量为控制量的 5％～15％，干扰过大可能造成水箱中水溢出或系统不稳定。加入干扰后，水箱的液位便离开原平衡状态，经过一段调节时间后，水箱液位稳定至新的设定值，观察计算机记录此时的设定值、输出值和参数，液位的响应过程曲线如图 6-29 所示。

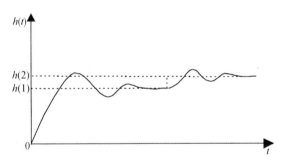

图 6-29　液位的响应过程曲线

（8）分别适量改变调节器的 P 及 I 参数，重复步骤（7），通过实验界面下边的按钮切换观察计算机记录不同控制规律下系统的阶跃响应曲线。

（9）分别用 P、PD、PID 三种控制规律重复步骤（4）～（8），通过实验界面下边的按钮切换观察计算机记录不同控制规律下系统的阶跃响应曲线。

（二）锅炉内胆水温 PID 整定实验步骤

本实验选择锅炉内胆水温作为被控对象，实验之前先将储水箱贮足水量，将阀门 F1-1、F1、F9、F11 全开，其余阀门关闭，启动 380 V 交流磁力泵，给锅炉内胆贮存一定的水量（要求至少高于液位指示玻璃管的红线位置）。

（1）接通控制系统电源，打开用作上位监控的 PC 机，进入的实验主界面如图 6-30 所示。

（2）在实验主界面中选择本实验项即"锅炉内胆水温 PID 控制实验"，系统进入正常的测试状态，呈现的实验界面如图 6-30 所示。

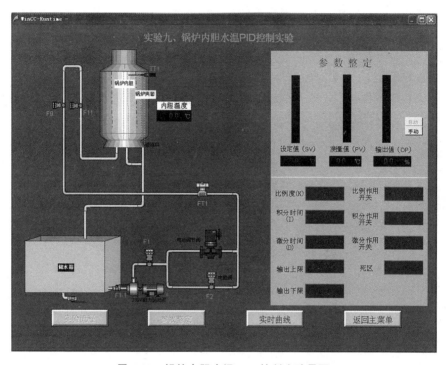

图 6-30 锅炉内胆水温 PID 控制实验界面

（3）在上位机监控界面中点击"手动"，并将输出值设置为一个合适的值，可直接在输出值显示框中输入。

（4）合上三相电源空气开关，三相电加热管通电加热，适当增加或减少输出量，使锅炉内胆的水温稳定于设定值。

（5）按经验法或动态特性参数法整定调节器参数，选择 PID 控制规律，并按整定后的 PID 参数进行调节器参数设置。

（6）待锅炉内胆水温稳定于给定值时，将调节器切换到"自动"状态，待水温稳定后，突增（或突减）设定值的大小，使其有一个正（或负）阶跃增量的变化（阶跃干扰，此增量不宜过大，一般为设定值的 5％～15％），锅炉内胆的水温便离开原平衡状态，经过一段调节时间后，水温稳定至新的设定值。

点击实验界面下边的切换按钮，观察实时曲线、历史曲线、数据报表所记录的设定值、输出值，内胆水温的响应过程曲线如图 6-31 所示。

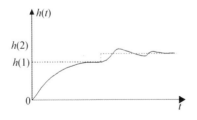

图 6-31　内胆水温的响应过程曲线

（7）适量改变控制器的 PID 参数，重复步骤（6），观察计算机记录不同参数时系统的响应曲线。

（8）开始往锅炉夹套打冷水，重复步骤（3）～（7），观察实验的过程曲线与前面不加冷水的过程有何不同。

（9）分别采用 P、PI、PD 控制规律，重复上述实验，观察在不同的 PID 参数值下，系统的阶跃响应曲线。

五、思考题

（1）如果采用下水箱做实验，其响应曲线与中水箱的响应曲线有什么异同？分析差异原因。

（2）改变比例度 δ 和积分时间 TI 对系统的性能会产生什么影响？

（3）在温度控制系统中，为什么用 PD 和 PID 控制？系统的性能与用 PI 控制时相比，为什么没有明显改善？

（4）为什么内胆动态水的温度控制比静态水时的温度控制更容易稳定，动态性能更好？

六、实验报告要求

（1）画出单容水箱液位定值控制实验、锅炉内胆水温定值控制实验的结构框图。

（2）用实验方法确定调节器的相关参数，写出整定过程。

（3）根据实验数据和曲线，分析系统在阶跃扰动作用下的静、动态性能。

（4）比较不同 PID 参数对系统的性能产生的影响。

（5）分析 P、PI、PD、PID 四种控制方式对本实验系统的作用。

（6）综合分析 FCS 控制系统的网络结构和本实验中所涉及的各种信号在通信网络中的传输路径。

实验 6.8　温度测量及控制实验

一、实验目的

（1）了解 DS18B20 型单总线智能温度传感器的工作原理。

（2）掌握 DS18B20 芯片在单片机系统中的应用及编程。

（3）通过编程，对 DS18B20 进行读写，并把读出的温度值显示在六位动态数码管上。

二、实验装置

实验台由公共平台和多种实训单元组成。其中公共平台包括系统软件，多路直流电源，信号采集单元，系统控制单元（单片机、ARM、智能调节器等），智能变送器单元，操作台；实训单元包括仿真或缩微各类工业现场测控系统，配置工业传感器，其中，测控系统由学生动手组建。该实验台传感器部分包括压力、压电、应变、电容、霍尔、温度、光敏、气敏（酒、CO）、电涡流、光纤位移、长光栅位移、差动变压器、光电耦合等各种常见传感器。该实验台检测部分利用工业实际中广泛采用的成熟电路完成对各种传感器信号的拾取、转换、调理、采样、存储、解算、控制及显示等。

图 6-32　创新型检测及控制实验实训平台

三、实验原理

（一） DS18B20 的性能特点

（1）采用单总线专用技术，既可通过串行口线，也可通过其他 I/O 口线与微机接口，无须经过其他变换电路，直接输出被测温度值（9 位二进制数，含符号位）。

（2）测温范围为 −55～+125 ℃，测量分辨率为 0.062 5 ℃。

（3）内含 64 位经过激光修正的只读存储器 ROM。

（4）用户可分别设定各路温度的上、下限。

（5）内含寄生电源。

（二） DS18B20 的内部结构

DS18B20 内部结构主要由四部分组成：64 位光刻 ROM；温度传感器；非挥发的温度报警触发器 TH 和 TL；高速暂存器。DS18B20 的管脚排列如图 6-33所示。

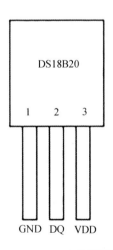

图 6-33　DS18B20 的管脚排列

1. 64 位光刻 ROM

光刻 ROM 中的 64 位序列号是出厂前被光刻好的，它可以看作是该 DS18B20 的地址序列码。64 位光刻 ROM 的排列是：开始 8 位（28H）是产品类型标号，接着的 48 位是该 DS18B20 自身的序列号，最后 8 位是前面 56 位的循环冗余校验码（CRC＝X8＋X5＋X4＋1）。光刻 ROM 的作用是使每一个 DS18B20 都各不相同，这样就可以实现一根总线上挂接多个 DS18B20 的目的。

2. 高速暂存器

表 6-13

序号	寄存器名称	作用	序号	寄存器名称	作用
0	温度低字节	以 16 位补码形式存放	4、5	为配置寄存器	5 保留
1	温度高字节		6	计数器余值	
2	TH 为用户字节	存放温度上限	7	计数器/℃	
3	HL 为用户字节 2	存放温度下限	8	CRC 冗余检验	保险通信正确

3. 以 12 位转化为例说明温度高低字节存放形式及计算

12 位转化后得到的 12 位数据，存储在 18B20 的高 8 位和低 8 位的 RAM 中，二进制中的前面 5 位 S 是符号位。如果测得的温度大于 0，这 5 位为 0，只要将测到的数值乘以 0.062 5 即可得到实际温度；如果温度小于 0，这 5 位为 1，测到的数值需要取反加 1 再乘以 0.062 5 才能得到实际温度。

表 6-14

低 8 位	2^3	2^2	2^1	2^0	2^{-1}	2^{-2}	2^{-3}	2^{-4}
高 8 位	S	S	S	S	S	2^6	2^5	2^4

4. 配置寄存器

表 6-15

TM	R0	R1	1	1	1	1	1

表 6-16

R0	R1	分辨率	温度最大转换时间	R0	R1	分辨率	温度最大转换时间
0	0	9/位	93.75/ms	1	0	11/位	735/ms
01	1	10/位	187.5/ms	1	1	12/位	750/ms

5. DS18B20 控制方法

根据 DS18B20 的通信协议，主机控制 DS18B20 完成温度转换必须经过三个步骤：每一次读写之前都要对 DS18B20 进行复位，复位成功后发送一条

ROM 指令，最后发送 RAM 指令，这样才能对 DS18B20 进行预定的操作。复位要求主 CPU 将数据线下拉 500 μs，然后释放，DS18B20 收到信号后等待 16~60 μs 左右，后发出 60~240 μs 的存在低脉冲，主 CPU 收到此信号表示复位成功。

在硬件方面，DS18B20 与单片机的连接有两种方法：一种是 Vcc 接外部电源，GND 接地，I/O 与单片机的 I/O 线相连；另一种是用寄生电源供电，此时 UDD、GND 接地，I/O 接单片机 I/O。无论是内部寄生电源还是外部供电，I/O 口线要接 5 KΩ 左右的上拉电阻。

DS18B20 有多条控制命令，如表所示。

表 6-17 DS18B20 控制命令

指令	约定代码	功能
读 ROM	33H	读 DS18B20 中的编码（64 位地址）
符合 ROM	55H	发出此命令后，发出 64 位编码地址，找出地址相对应的 DS18B20 器件，为下一步对该 DS18B20 的读写做准备
搜索 ROM	0F0H	用于确定挂接在同一总线上的 DS18B20 的个数和 64 位 ROM 地址
跳过 ROM	0CCH	忽略 64 位 ROM 地址，直接向 DS18B20 发温度转换命令，适用于单片工作
告警搜索命令	0ECH	执行后，只有温度值超过设定值上限或下限的片子才会做出反应
温度变换	44H	启动 DS18B20 开始进行温度转换，结果存入内部 RAM 中
读暂存器	0BEH	读暂存器 RAM 中的温度值
写暂存器	4EH	向内存 RAM 的第 3、4 字节写入上、下限温度命令，紧跟命令之后传送的是两字节的数据
复制暂存器	48H	将 RAM 中的第 3、4 字节内容复制到 E2PROM
重调 E2PROM	0B8H	将 E2PROM 中内容恢复到 RAM 的第 3、4 字节
读供电方式	0B4H	读 DS18B20 的供电模式，寄生供电发送 0，外接电源供电发送 1

（三）实验接线图

单片机电路及显示接口电路详见系统原理图部分，DS18B20 芯片接线如

图 6-34 所示。

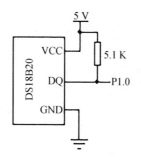

图 6-34   DS18B20 芯片接线

（四）实验程序流程图

本实验流程图如图 6-35 所示。

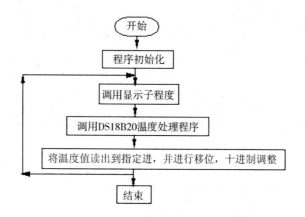

开始

程序初始化

调用显示子程度

调用DS18B20温度处理程序

将温度值读出到指定进，并进行移位，十进制调整

结束

图 6-35   实验流程图

四、实验步骤

（1）实验设备：DP-51 单片机实验装置挂箱。

（2）把 DS18B20 芯片的单总线端口 DQ 用连线接至 P1.0，P3.0 接 SP（蜂鸣器），运行程序，数码管上显示"18b-XX"，后两位显示采集的温度值。〔备注：程序清单。文件名：tempt. ASM（详细程序见随机光盘）。〕

（3）在程序中设定报警温度值，当实际温度达到报警值，单片机 P3.0 口驱动蜂鸣器报警。

五、思考题

（1）如何编制 A/D 和 D/A 程序？

（2）温度传感器还有哪些？简述一下它们的工作原理。

（3）通过该实验的硬件结构，设计一个简单数字存储示波器的程序。

六、实验报告要求

（1）数据整理：原始数据记录表、计算结果。

（2）实验结果误差分析。